普通高等教育计算机类专业教材

网页设计与制作实验指导

主　编　邓文锋　利　珊

副主编　周汉达　万智萍　郭其标　温凯峰　叶仕通

中国水利水电出版社
www.waterpub.com.cn

·北京·

内 容 提 要

本书本着"面向应用，加强基础，普及技术，注重融合，因材施教"的教育理念，根据教育部高等学校非计算机专业基础课程教学指导分委员会提出的"网页制作"教学大纲编写而成。全书共分 14 个实验：实验一主要认识 Dreamweaver 2021 和 HTML；实验二主要练习制作网站、网页和网页文本的相关操作；实验三主要练习在网页中添加多媒体的相关操作；实验四主要练习在网页中设置超链接的相关操作；实验五主要练习使用表格布局网页的相关操作；实验六主要练习使用 CSS 设置网页的相关操作；实验七主要练习使用 Div+CSS 布局页面的相关操作；实验八主要练习使用行为的相关操作；实验九主要练习表单的相关操作；实验十主要练习 jQuery 特效的相关操作；实验十一主要练习设计动态网站的相关操作；实验十二至实验十四主要通过综合实例巩固网页制作的相关操作。

本书注重理论知识和实际操作的结合，实例丰富、图文并茂、操作步骤清晰明了，适合作为高等院校相关专业"网页制作"课程的实验教材，也可作为网页制作培训班的实验教材，还可供对网页制作和网站管理感兴趣的读者学习参考。

图书在版编目（ＣＩＰ）数据

网页设计与制作实验指导 / 邓文锋，利珊主编. --
北京：中国水利水电出版社，2022.8
普通高等教育计算机类专业教材
ISBN 978-7-5226-0807-5

Ⅰ．①网… Ⅱ．①邓… ②利… Ⅲ．①网页制作工具
－高等学校－教学参考资料 Ⅳ．①TP393.092.2

中国版本图书馆CIP数据核字(2022)第110243号

策划编辑：陈红华　责任编辑：陈红华　加工编辑：白绍昀　封面设计：梁　燕

书　　名	普通高等教育计算机类专业教材 网页设计与制作实验指导 WANGYE SHEJI YU ZHIZUO SHIYAN ZHIDAO
作　　者	主编　邓文锋　利　珊 副主编　周汉达　万智萍　郭其标　温凯峰　叶仕通
出版发行	中国水利水电出版社 （北京市海淀区玉渊潭南路 1 号 D 座　100038） 网址：www.waterpub.com.cn E-mail：mchannel@263.net（万水） 　　　　sales@mwr.gov.cn 电话：（010）68545888（营销中心）、82562819（万水）
经　　售	北京科水图书销售有限公司 电话：（010）68545874、63202643 全国各地新华书店和相关出版物销售网点
排　　版	北京万水电子信息有限公司
印　　刷	三河市德贤弘印务有限公司
规　　格	184mm×260mm　16 开本　13.25 印张　331 千字
版　　次	2022 年 8 月第 1 版　2022 年 8 月第 1 次印刷
印　　数	0001—3000 册
定　　价	36.00 元

凡购买我社图书，如有缺页、倒页、脱页的，本社营销中心负责调换

前　　言

随着互联网技术的快速发展，网站已成为人们了解世界、增长知识和进行宣传推广等活动的主要平台，了解或掌握网页设计与网站建设技术已经成为一种基本的信息技能。教育部高等学校非计算机专业计算机基础课程教学指导分委员会提出了《关于进一步加强高等学校计算机基础教学的意见》，对高校计算机基础教育的教学内容提出了更新、更高、更具体的要求，使得高校计算机基础教育开始步入更加科学、更加合理、更加符合 21 世纪高校人才培养目标且更具大学教育特征和专业特征的新阶段。

本书本着"面向应用，加强基础，普及技术，注重融合，因材施教"的教育理念，根据教育部高等学校非计算机专业基础课程教学指导分委员会提出的"网页制作"教学大纲编写而成。全书操作讲解基于 Adobe 公司推出的最新版本软件 Dreamweaver 2021，该软件是目前最受欢迎的网站制作工具之一。本书共 14 个实验，详细介绍了利用 Dreamweaver 2021 制作网页网站重要知识点的运用，每个实验内容注重理论知识和实际操作的结合，通俗易懂。

本书由邓文锋、利珊任主编，周汉达、万智萍、郭其标、温凯峰、叶仕通任副主编。实验一至实验四由周汉达、叶仕通编写，实验五、实验八、实验九和实验十三由郭其标、利珊编写，实验六、实验七和实验十四由温凯峰、万智萍编写，实验十至实验十二由邓文锋编写。全书由温凯峰审阅定稿。

由于时间仓促，加之编者水平有限，书中疏漏之处在所难免，恳请读者批评指正。

编　者

2022 年 5 月

目　　录

实验一　初识 Dreamweaver 2021 和 HTML

 实验目的

1．熟悉 Dreamweaver 2021 的工作界面。
2．熟练掌握 HTML 中各标记的使用方法。

 实验内容及步骤

一、编写简单的 HTML 文件

使用记事本工具编写一个简单的 HTLM 文件，保存文件为 ex1-1.html。
（1）启动 Windows 系统自带的记事本工具，在其中输入图 1-1 所示的 HTML 代码。

```
<!doctype html>
<html>
<head>
<title>一个简单的网页示例</title>
</head>
<body>
<h1> HTML5简介</h1>
<h3> HTML5新增功能</h3>
<h3> HTML5语法特点</h3>
<h2> HTML5文件的基本结构 </h2>
<h2> HTML5元素 </h2>
</body>
</html>
```

图 1-1　HTML 代码

（2）选择"文件"→"另存为"命令，弹出"另存为"对话框，选择"保存类型"为所有文件，在"文件名"文本框中输入 ex1-1.html，单击"保存"按钮，如图 1-2 所示。

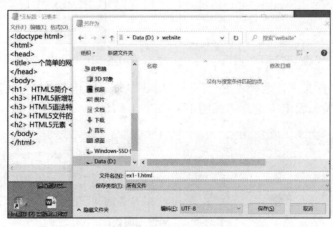

图 1-2　保存 HTML 文件

二、使用 Dreamweaver 2021 软件建立网页

新建网页，设置网页标题为"一个简单的网页示例"，保存网页为 ex1-2.html。

（1）打开 Dreamweaver 2021 软件，选择"文件"→"新建"命令，弹出"新建文档"对话框，选择"文档类型"为 HTML，在"标题"文本框中输入"一个简单的网页示例"，单击"创建"按钮，如图 1-3 所示，即可创建一个空白的 HTML 页面。

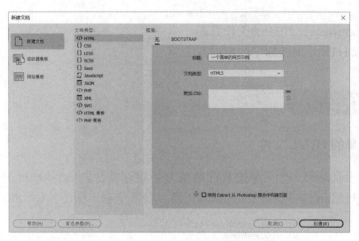

图 1-3 "新建文档"对话框

（2）单击"代码"按钮，出现如图 1-4 所示的代码。单击"设计"按钮，在其中输入相应文字，注意每输入一行文字后按 Enter 键换行，如图 1-5 所示。

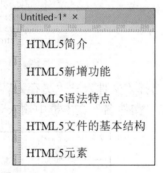

图 1-4 "代码"视图下的网页　　　　图 1-5 在"设计"视图下输入相应文字

（3）选定第一行文字，选择"窗口"→"属性"命令打开"属性"面板，单击 HTML 按钮，在"格式"下拉列表框中选择"标题 1"，如图 1-6 所示。

图 1-6 "属性"面板

（4）选定第二行文字，在"属性"面板的 HTML 栏中设置"格式"为"标题 3"。选定第三行文字，选择"插入"→"标题"命令，在级联菜单中选择"标题 3"，如图 1-7 所示。

（5）按照以上方法把第四行和第五行文字格式设置为"标题 2"。再次切换到"代码"视图中，可以看到如图 1-8 所示的代码。

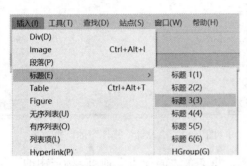

图 1-7 选择"插入"→"标题"命令   图 1-8 "代码"视图

（6）选择"文件"→"保存"命令，弹出"另存为"对话框，在"文件名"文本框中输入 ex1-2，单击"保存"按钮保存网页。按功能键 F12，可以看到如图 1-10 所示的页面效果。

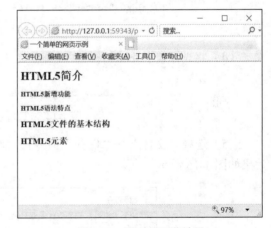

图 1-9 "另存为"对话框   图 1-10 网页的预览效果

三、文本标记

使用 Dreamweaver 2021 软件建立如图 1-11 所示的网页，查看网页预览效果。将标题"静夜思"修改为黑体字，标题 1；将页面背景颜色修改为 yellow；最后把网页保存为 ex1-3.html。

（1）打开 Dreamweaver 2021，选择"文件"→"新建"命令，弹出"新建文档"对话框，选择"文档类型"为 HTML，"标题"设置为"李白的诗"，单击"创建"按钮，即可创建一个空白的 HTML 页面。

（2）在"设计"视图中输入《静夜思》的诗词内容。单击"代码"按钮切换到"代码"视图，修改代码为如图 1-11 所示。单击"设计"按钮切换回"设计"视图，网页效果如图 1-12 所示。

```
1   <!doctype html>
2 ▼ <html>
3 ▼ <head>
4   <meta charset="utf-8">
5   <title>李白的诗</title>
6   </head>
7 ▼ <body text="#FF0000">
8   <P align="center"><B>静夜思</B></P><Hr>
9       <P align="center">
10      床前明月光，<br>
11      疑是地上霜。<br>
12      举头望明月，<br>
13      低头思故乡。</p>
14  </body>
15  </html>
```

图 1-11　网页代码 　　　　　　　　　图 1-12　"设计"视图下的网页效果

（3）单击"代码"按钮切换到"代码"视图，将文字"静夜思"前<P>标记中的字符 P 改成 h1，在<B>标记的字符 B 后面输入空格，再输入代码 style="font-family: '黑体'"，如图 1-13 所示。

<h1 align="center"><B style="font-family: '黑体'">静夜思</B></h1>

图 1-13　古诗名的代码

（4）将光标置于<body>标记中，输入空格，再输入代码 bgcolor="yellow"，如图 1-14 所示。

<body bgcolor="yellow" text="#FF0000">

图 1-14　设置网页背景颜色的代码

（5）选择"文件"→"保存"命令，将网页保存为 ex1-3.html。按功能键 F12 预览网页，效果如图 1-15 所示。

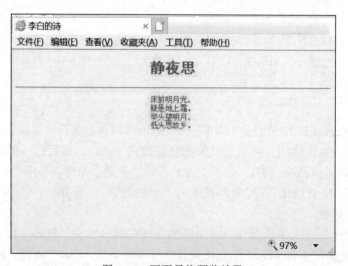

图 1-15　网页最终预览效果

四、链接标记

新建网页，设置网页标题为"超链接的设置"。在网页中输入文字"百度"，超链接到 http://www.baidu.com；输入文字"我的信箱"，超链接到邮箱 abcd@163.com；插入 1.jpg 图片，并设置该图片的高度为 120 像素、宽度为 150 像素、图片提示文字为"您插入的是什么图片？"。为该图片设置超链接，链接的内容为 2.jpg，最后把网页保存为 ex1-4.html。

（1）打开 Dreamweaver 2021，选择"文件"→"新建"命令，弹出"新建文档"对话框，选择"文档类型"为 HTML，单击"创建"按钮，即可创建一个空白的 HTML 页面。

（2）单击"代码"按钮，切换到"代码"视图，修改代码为如图 1-16 所示。单击"设计"按钮切换回设计视图，网页效果如图 1-17 所示。

```
<!doctype html>
<html>
<head>
<meta charset="utf-8">
<title>超链接的设置</title>
</head>

<body>
<p><a href="http://www.baidu.com">百度
</a></p>
<p><a href="mailto:abcd@163.com">我的信箱</a></p>
<p><a href="images/2.jpg"><img src="images/1.jpg" width="180" height="120" alt="您插入的是什么图片？"/></a></p>
</body>
</html>
```

图 1-16　网页代码

图 1-17　"设计"视图下的网页效果

五、表单标记

新建网页，设置网页标题为"表单标记"。建立如图 1-18 所示的网页效果，保存网页为 ex1-5.html。

（1）打开 Dreamweaver 2021，选择"文件"→"新建"命令，弹出"新建文档"对话框，选择"文档类型"为 HTML，单击"创建"按钮即可创建一个空白的 HTML 页面。

（2）单击"代码"按钮切换到"代码"视图，修改代码为如图 1-19 所示。

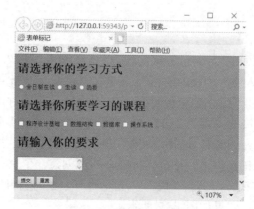

图 1-18 网页效果

```
<!doctype html>
<html>
<head>
<meta charset="utf-8">
<title>表单标记</title>
</head>
<body bgcolor="#6699cc">
<h1>请选择你的学习方式</h1>
<div>
  <form id="form1" name="form1" method="post">
    <label> <input type="radio" name="RadioGroup1" value="单选" id="RadioGroup1_0"> 全日制在读
      </label>
    <label> <input type="radio" name="RadioGroup1" value="单选" id="RadioGroup1_1"> 走读</label>
      <label><input type="radio" name="RadioGroup1" value="单选" id="RadioGroup1_2">函授</label>
  </form>
</div>
<h1>请选择你所要学习的课程</h1>
<form id="form2" name="form2" method="post">
    <label>
      <input type="checkbox" name="CheckboxGroup1" value="程序设计基础" id="CheckboxGroup1_0">
      程序设计基础</label>
    <label>
      <input type="checkbox" name="CheckboxGroup1" value="数据结构" id="CheckboxGroup1_1">
      数据结构</label>
    <label>
      <input type="checkbox" name="CheckboxGroup1" value="数据库" id="CheckboxGroup1_2">
      数据库</label>
    <label>
      <input type="checkbox" name="CheckboxGroup1" value="操作系统" id="CheckboxGroup1_3">
      操作系统</label>
</form>
<h1>请输入你的要求</h1>
<form id="form3" name="form3" method="post">
  <textarea name="textarea" id="textarea"></textarea>
  <p>
    <input type="submit" name="submit" id="submit" value="提交">
    <input type="reset" name="reset" id="reset" value="重置">
  </p>
</form>
</body>
</html>
```

图 1-19 网页代码

六、有序列表

新建网页,设置网页标题为"有序列表的建立"。建立如图 1-21 所示的有序列表,设置有序列表的标号为 A,保存网页为 ex1-6.html。

（1）打开 Dreamweaver 2021，选择"文件"→"新建"命令，弹出"新建文档"对话框，选择"文档类型"为 HTML，单击"创建"按钮即可创建一个空白的 HTML 页面。

（2）单击"代码"按钮切换到"代码"视图，修改代码为如图 1-20 所示。单击"设计"按钮切换回"设计"视图，网页效果如图 1-21 所示。

```
<!doctype html>
<html>
<head>
<meta charset="utf-8">
<title>有序列表的建立</title>
</head>
<body>
<h4>本学期所学课程: </h4>
<ol type="A">
   <li>大学英语</li>
   <li>高等数学</li>
   <li>网页制作</li>
   <li>数据结构</li>
</ol>
<p> </p>
</body>
</html>
```

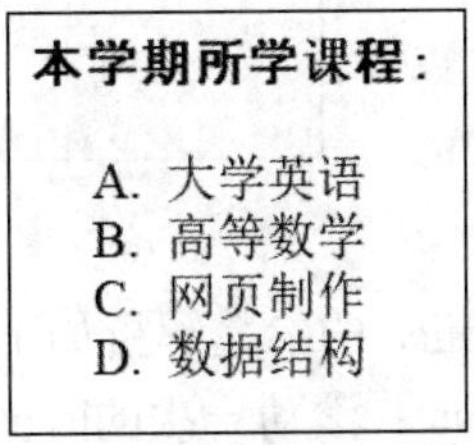

本学期所学课程:

A. 大学英语
B. 高等数学
C. 网页制作
D. 数据结构

图 1-20 网页代码   图 1-21 "设计"视图下的网页效果

七、滚动文字

新建一个网页，在其中输入"滚动文字"，设置它的效果为从右向左滚动；输入"百度"，使它实现滚动效果，并给滚动的文字添加超链接到http://www.baidu.com；输入"鼠标停靠，不再滚动"，设置效果为当鼠标停留在滚动文字上时文字就停止滚动；输入"来回滚动"，使它实现来回滚动效果，网页保存为 ex1-7.html，网页最终效果如图 1-22 所示。

（1）打开 Dreamweaver 2021，选择"文件"→"新建"命令，弹出"新建文档"对话框，选择"文档类型"为 HTML，单击"创建"按钮即可创建一个空白的 HTML 页面。

（2）单击"代码"按钮切换到"代码"视图，输入代码：<marquee>滚动文字</marquee>，选择"文件"→"保存"命令，把网页保存为 ex1-7.html。预览网页，可以看到"滚动文字"实现了由右向左的滚动效果。

（3）"代码"视图下，在刚才输入的代码下一行输入如下代码：

　　
<marquee scrollAmount=2 width=300><a href=http://www.baidu.com>百度</a></marquee>

当单击"百度"时即可链接到百度网站。

（4）"代码"视图下，在刚才输入的代码下一行输入如下代码：

　　
<marquee scrollAmount=2 width=300 onmouseover=stop() onmouseout=start()>鼠标停靠，不再滚动</marquee>

当鼠标在滚动的文字上停留时文字就停止滚动。

（5）"代码"视图下，在刚才输入的代码下一行输入如下代码：

　　
<marquee scrollAmount=2 width=99 behavior=alternate>来回滚动</marquee>

文字即会来回滚动。

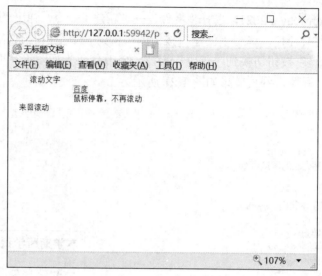

图 1-22　网页最终效果

有关 marquee 的参数解析如下：

scrollamount：滚动一次的时间量，数字越小滚动越慢，默认为 6，建议设为 1～3 比较好。

scrolldelay：每轮滚动之间的延迟时间，数值越大延迟时间越长。通常 Scrolldelay 是不需要设置的。

direction：滚动方向，可选择 Left、Right、Up 和 Down，默认为 Left（从右往左）的方向。Right 表示从左往右，Up 表示从下往上，Down 表示从上往下。

bgcolor：滚动文本框的背景颜色。

behaviour：滚动的方式，可选择 Scroll（循环滚动）、Lide（单次滚动）、Alternate（来回滚动）。

align：文字的对齐方式，可选择 middle（居中）、bottom（居下）、top（居上）。

width：滚动文本框的宽度，输入一个数值后从后面的单选框中选择 in pixels（按像素）或 in percent（按百分比）。

height：滚动文本框的高度，输入一个数值后从后面的单选框中选择 in pixels（按像素）或 in percent（按百分比）。

loop：滚动次数，默认为 infinite。

hspace、vspace：前后、上下的空行。

思考与练习

1. 什么是单标记？什么是双标记？
2. <p>标记和
标记的区别是什么？
3. Dreamweaver 2021 中有哪几种视图方式？
4. Dreamweaver 2021 中的面板如何显示与关闭？

实验二　网站、网页和网页中的文字

实验目的

1. 掌握建立和管理网站的方法。
2. 掌握设置网页页面属性的方法。
3. 掌握设置网页中文字属性的方法。

一、建立站点

建立一个名为"实验站点"的网站，设置网站文件根目录为 D:\Website。

（1）打开计算机，在 D:盘根目录下建立一个名为 Website 的文件夹，然后双击桌面上的 Dreamweaver 2021 快捷方式进入 Dreamweaver 2021 工作界面。

（2）选择"站点"→"新建站点"命令，如图 2-1 所示。

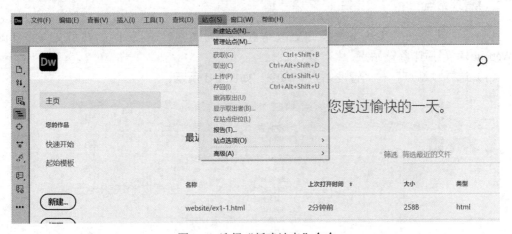

图 2-1　选择"新建站点"命令

（3）弹出"站点设置对象"对话框，在"站点名称"文本框中输入"实验站点"，在"本地站点文件夹"文本框中指定网站文件的存储位置，单击该文本框右侧的"文件夹"按钮，选择步骤（1）中建立的 D:\Website 文件夹作为本地站点文件夹，如图 2-2 所示。

（4）单击"保存"按钮关闭"站点设置对象"对话框，在 Dreamweaver 2021 工作界面"文件"面板的"本地文件"栏中会显示该站点的根目录，如图 2-3 所示。

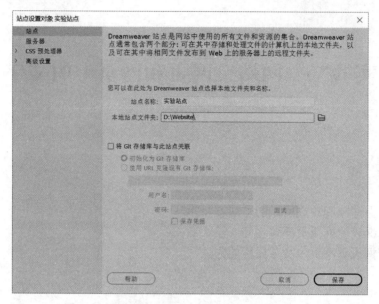

图 2-2 设置"站点名称"和"本地站点文件夹"

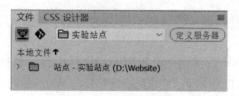

图 2-3 站点根目录

二、管理站点

复制前面建立的"实验站点"并更改站点名称为"实验站点 1",站点文件夹修改为 D:\Website1,最后删除该站点。

(1)选择"站点"→"管理站点"命令,如图 2-4 所示。

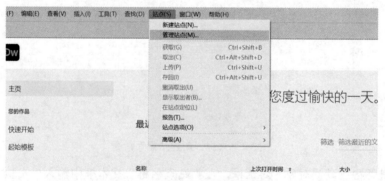

图 2-4 选择"管理站点"命令

(2)弹出"管理站点"对话框,如图 2-5 所示,在其中选择要打开的站点,如选择刚建立的"实验站点",单击"复制当前选定的站点"按钮 ,可以看到新出现了一个站点,名称为"实验站点 复制",如图 2-6 所示。

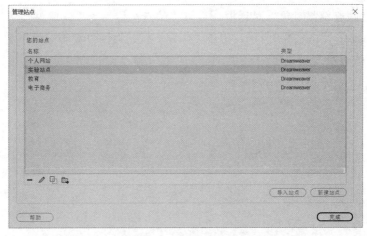

图 2-5　"管理站点"对话框

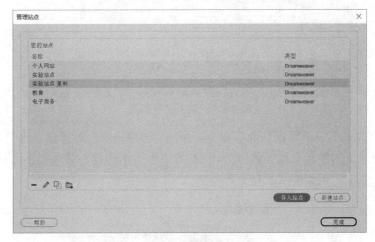

图 2-6　复制站点

（3）选择站点"实验站点 复制"，单击"编辑当前选定的站点"按钮 ，如图 2-7 所示。

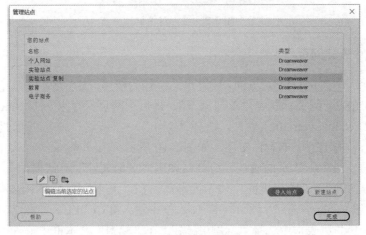

图 2-7　编辑当前选定的站点

（4）弹出"站点设置对象"对话框，设置"站点名称"为"实验站点 1"，"本地站点文件夹"为 D:\Website1，如图 2-8 所示，单击"保存"按钮返回"管理站点"对话框，单击"完成"按钮结束站点的编辑。

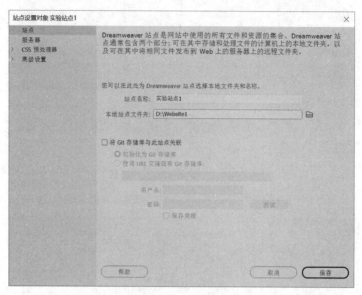

图 2-8　对站点进行编辑

（5）选择"站点"→"管理站点"命令，弹出"管理站点"对话框，选中"实验站点 1"，单击"删除当前选定的站点"按钮 ▬，弹出如图 2-9 所示的警告对话框，询问是否要删除选中的站点，单击"是"按钮即可把站点删除。

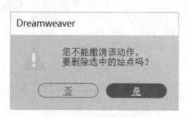

图 2-9　警告对话框

三、在站点中新建网页

在"实验站点"中新建 HTML 页面，设置页面字体为楷体，大小是 15px，字体颜色为 blue，背景颜色为#ECC0EE，网页标题为"欢迎浏览"，最后把网页保存为 ex2-1.html。

（1）启动 Dreamweaver 2021 软件，选择"文件"→"新建"命令，通过弹出的"新建文档"对话框创建一个空白的 HTML 文件，如图 2-10 所示。

（2）选择"文件"→"页面属性"命令，弹出"页面属性"对话框，在"分类"列表框中选择"外观（CSS）"，设置"页面字体"为楷体，在"大小"文本框中输入 15，在"文本颜色"文本框中输入 blue，在"背景颜色"文本框中输入#ECC0EE，如图 2-11 所示。

（3）在"分类"列表框中选择"标题/编码"，在"标题"文本框中输入"欢迎浏览"，如图 2-12 所示，单击"确定"按钮。

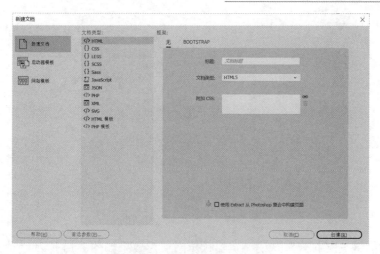

图 2-10　"新建文档"对话框

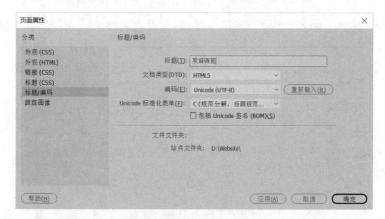

图 2-11　在"页面属性"对话框中选择"外观（CSS）"

图 2-12　在"页面属性"对话框中选择"标题/编码"

（4）选择"文件"→"保存"命令，弹出"另存为"对话框，在"文件名"文本框中输入 ex2-1.html，如图 2-13 所示，单击"保存"按钮，网页被保存到"实验站点"的文件夹 D:\Website 中。

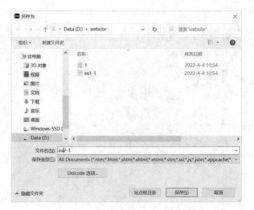

图 2-13 "另存为"对话框

（5）按功能键 F12 打开默认的浏览器预览网页，效果如图 2-14 所示。

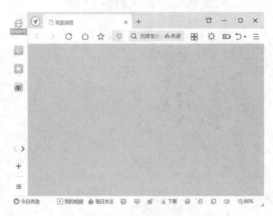

图 2-14 网页预览效果

四、设置网页

在 ex2-1.html 网页中输入古诗"无题"的内容，设置古诗名"无题"为"标题 1"样式，设置其他文字的字体为微软雅黑，大小为 12px，加粗效果，所有文字居中对齐，最终网页效果如图 2-15 所示。

图 2-15 网页最终效果

（1）在 Dreamweaver 2021 中打开 ex2-1.html，输入《无题》古诗的内容，效果如图 2-16所示，所有文字均设置为楷体、蓝色、15px。

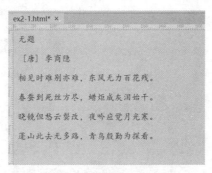

图 2-16　输入文字的效果

（2）选择文字"无题"，单击"属性"面板中的 HTML 按钮，在"格式"下拉列表框中选择"标题 1"，如图 2-17 所示。

图 2-17　选择"标题 1"

（3）选中其他文字，单击"属性"面板中的 CSS 按钮，在"字体"下拉列表框中选择"管理字体"。

（4）弹出"管理字体"对话框，选择"自定义字体堆栈"选项卡，在"可用字体"列表框中选择"微软雅黑 Light"，然后单击 <u><< </u>按钮将"微软雅黑"字体添加进"选择的字体"中，如图 2-18 所示。

图 2-18　添加字体

（5）单击"完成"按钮。选择第二行文字，在"属性"面板的 CSS 中，将标题文字设置为"微软雅黑"、normal、bold、12px，效果如图 2-19 所示。

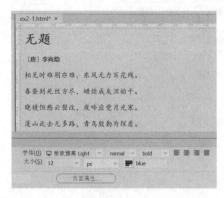

图 2-19　设置第二行文字的文字格式

（6）按照第二行文字的设置方法依次设置其余各行文字的文字格式。

（7）选中所有文字，单击"属性"面板 CSS 中的"居中对齐"按钮，设置文字的对齐方式为居中对齐。

（8）选择"文件"→"保存"命令，再按功能键 F12 预览网页。

五、建立列表

新建 ex2-2.html 网页，分别用无序列表和编号列表列举四大名著。

（1）选择"文件"→"新建"命令，弹出"新建文档"对话框，创建一个 HTML 文档。

（2）在网页中输入四大名著的书名，选中所有文字，单击"属性"面板 HTML 中的"无序列表"按钮，设置后的效果如图 2-20 所示。

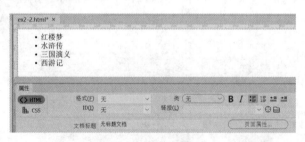

图 2-20　无序列表

（3）单击"属性"面板 HTML 中的"编号列表"按钮，设置后的效果如图 2-21 所示。

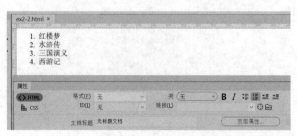

图 2-21　编号列表

六、添加水平线

打开 ex2-2.html 网页，在文字下方插入一条水平线，对齐方式为居中对齐，水平线的颜色设置为#0000FF，水平线的高度设置为3，宽度设置为70%。

（1）在 Dreamweaver 2021 中打开 ex2-2.html 页面，将光标置于最后一行文字的后面，选择"插入"→HTML→"水平线"命令，如图 2-22 所示，即在文字下方添加了一条水平线。

图 2-22　插入水平线

（2）选中水平线，选择"窗口"→"属性"命令打开"属性"面板，设置"宽"为70，单位是%，"高度"设置为3，"对齐"设置为"居中对齐"，如图 2-23 所示。

图 2-23　水平线的"属性"面板

（3）单击"代码"按钮切换到"代码"视图，将光标定于<hr>标记后，按空格键，修改代码为如图 2-24 所示。

```
<hr color="#0000FF" align="center" width="70%" size="3">
```

图 2-24　设置水平线的属性

（4）选择"文件"→"保存"命令保存网页，按功能键 F12 预览网页，效果如图 2-25 所示。

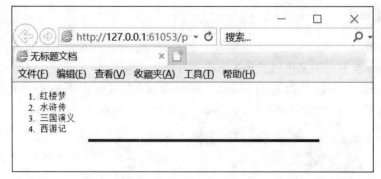

图 2-25　网页最终效果

1. 在"属性"面板的 CSS 中,"字体"栏中的 3 个文本框分别设置的是文字的哪个属性?
2. 为什么正文文字要逐行设置而不是一次性选定设置?
3. 怎样在网页中输入连续的空格,怎样不加行距换行?

实验三　多媒体网页制作

实验目的

1. 掌握网页中图像的使用方法。
2. 掌握在网页中插入并设置音频的方法。
3. 掌握在网页中插入并设置视频的方法。
4. 掌握在网页中插入并设置 Flash 的方法。

实验内容及步骤

一、设置网页背景图像

打开 ex3-1.html 网页，设置网页的背景图像为 images/green.jpg。

（1）启动 Dreamweaver 2021，打开 ex3-1.html 网页。

（2）选择"窗口"→"属性"命令打开"属性"面板，单击"页面属性"按钮，弹出"页面属性"对话框，如图 3-1 所示；单击"背景图像"右侧的"浏览"按钮，弹出"选择图像源文件"对话框，选择实验文件夹 ex3 中的素材图片 green.jpg，如图 3-2 所示；单击"确定"按钮回到"页面属性"对话框，再单击"确定"按钮即可将选定图像设置为网站的背景图像，并且背景图像默认在水平和垂直方向都是重复的。注意，如果图像文件位于站点根文件夹以外，将会弹出警告对话框，如图 3-3 所示，提示文件位于站点根文件夹以外，发布站点时可能不能访问，询问是否愿意将该文件复制到根文件夹中，单击"是"按钮，弹出如图 3-4 所示的"复制文件为"对话框，选择好保存位置后单击"保存"按钮即可。

图 3-1　"页面属性"对话框

图 3-2　"选择图像源文件"对话框

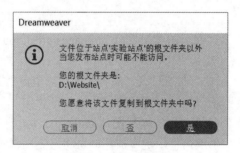

图 3-3　警告对话框

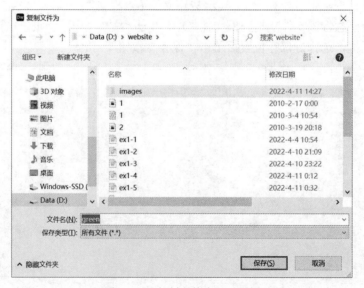

图 3-4　"复制文件为"对话框

（3）单击"文件"→"保存"命令，保存网页文件，按功能键 F12 预览网页，效果如图 3-5 所示。

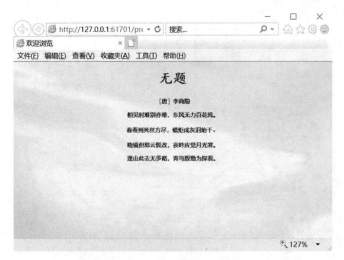

图 3-5 网页效果

二、删除背景并插入图像

打开 ex3-1.html，删除网页背景图像；在古诗下方插入一张图像，图像来源于实验文件夹 ex3\feng.jpg，设置图像宽度为 300px、高度为 200px，最后将网页文件另存为 ex3-2.html。

（1）单击"属性"面板中的"页面属性"按钮，弹出"页面属性"对话框，将"背景图像"文本框中的内容删除，单击"确定"按钮即可将网页背景图像删除，页面效果如图 3-6 所示。

图 3-6 删除背景图像后的页面效果

（2）将光标置于正文文字后，按 Enter 键新建一个空白段落，选择"插入"→Image 命令，弹出"选择图像源文件"对话框，如图 3-7 所示。

（3）在其中选择实验文件夹 ex3 中的素材图片 feng.jpg 并复制到站点根文件夹中。在"设计"视图下选中新插入的图像，在"属性"面板中单击"切换尺寸约束"按钮🔒，在"宽"文本框中输入 300，在"高"文本框中输入 200，如图 3-8 所示。

图 3-7　"选择图像源文件"对话框

图 3-8　设置图片属性

（4）选择"文件"→"另存为"命令，弹出"另存为"对话框，设置文件名为 ex3-2.html，如图 3-9 所示，单击"保存"按钮保存网页。按功能键 F12 预览网页，效果如图 3-9 所示。

图 3-9　"另存为"对话框

图 3-10　插入图片后的页面效果

三、添加特效

打开 ex3-2.html 文件，在图像下方插入"鼠标经过图像"特效，设置原始图像为实验文件夹 ex3 中的 3.jpg，鼠标经过图像为实验文件夹 ex3 中的 4.jpg，最后将网页文件另存为 ex3-3.html。

（1）在插入的图片后按 Enter 键建立一个空白段落，选择"插入"→HTML→"鼠标经过图像"命令，如图 3-11 所示。

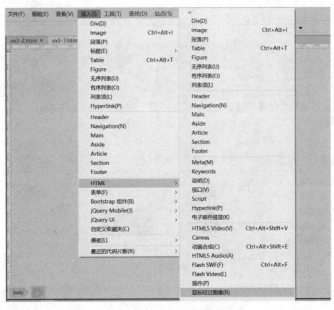

图 3-11　选择"鼠标经过图像"命令

（2）弹出"插入鼠标经过图像"对话框，单击"原始图像"文本框右侧的"浏览"按钮，在弹出的"原始图像"对话框中选择鼠标经过前的图像文件 3.jpg，如图 3-12 所示，单击"确定"按钮回到"插入鼠标经过图像"对话框。

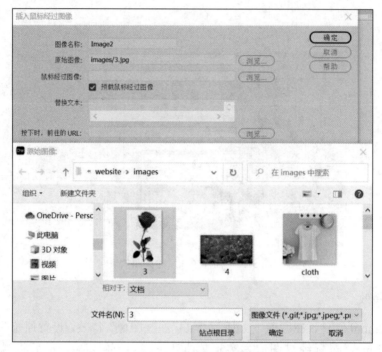

图 3-12　选择原始图像

（3）单击"鼠标经过图像"文本框右侧的"浏览"按钮，在弹出的"鼠标经过图像"对话框中选择鼠标经过后的图像文件 4.jpg，如图 3-13 所示，单击"确定"按钮回到"插入鼠标经过图像"对话框。

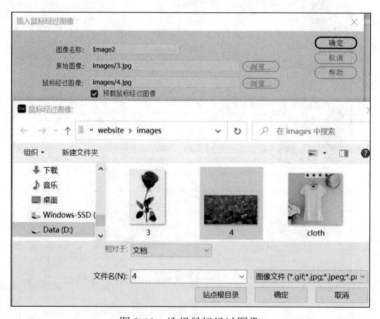

图 3-13　选择鼠标经过图像

（4）在"按下时，前往的 URL:"文本框中输入http://www.baidu.com，如图 3-14所示，单击"确定"按钮即可把鼠标经过图像插入到网页中。

图 3-14　"插入鼠标经过图像"对话框

（5）选择"文件"→"另存为"命令，将网页另存为 ex3-3.html，按功能键 F12 预览网页，页面效果如图 3-15 和图 3-16 所示。

图 3-15　鼠标经过前的效果

图 3-16　鼠标经过后的效果

四、添加音乐

打开 ex3-3.html 文件，设置网页的背景音乐为实验文件夹 ex3 中的 bg.mp3，最后将网页文件另存为 ex3-4.html。

（1）启动 Dreamweaver 2021，打开 ex3-3.html 网页。

（2）选择"插入"→HTML→HTML5 Audio(A)命令，如图 3-17 所示。

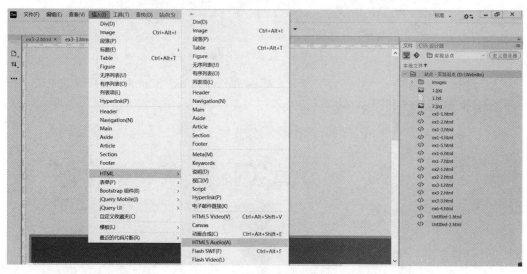

图 3-17　插入音频菜单操作

（3）选择插入的音频图标，然后选择"窗口"→"属性"命令打开"属性"面板，在其中单击"源"右侧的"浏览"按钮，选择实验文件夹 ex3 中的音频素材 bg.mp3，如图 3-18 所示。

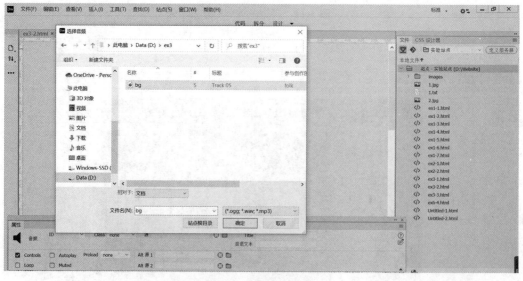

图 3-18　选择音频素材

（4）单击"确定"按钮，如果音频文件在网站根文件夹以外，将弹出警告对话框，询问是否将文件复制到网站根文件夹内，单击"是"按钮即可将音频素材复制到站点根文件夹中。在"属性"面板中取消勾选 controls 复选项，勾选 Autoplay 复选项，即可将音频设置为网页背景音乐，如图 3-19 所示。

图 3-19　设置播放方式

（5）选择"文件"→"另存为"命令将文件另存为 ex3-4.html，按功能键 F12 预览网页，网页中没有出现声音图标，但可以听到网页背景音乐。

五、添加视频

打开 ex3-4.html 文件，将页面中的音频和图像删除，插入实验文件夹 ex3 中的视频文件 ganxie.mp4，最后将网页另存为 ex3-5.html。

（1）在 Dreamweaver 2021 中打开 ex3-4.html 文件，选择音频图标和图像，按 Delete 键删除。

（2）选择"插入"→HTML→HTML5 Video(V)命令，如图 3-20 所示。

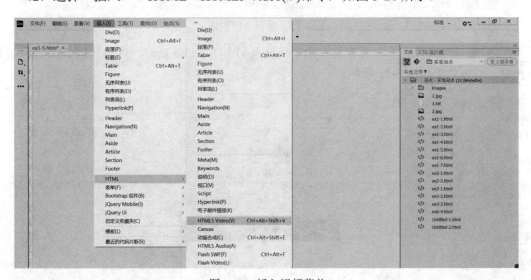

图 3-20　插入视频菜单

（3）在"属性"面板中单击"源"右侧的"浏览"按钮，在弹出的"选择视频"对话框中选择实验文件夹 ex3 中的视频素材 ganxie.mp4，如图 3-21 所示。

（4）单击"确定"按钮，如果视频文件在网站根文件夹以外，将弹出警告对话框，询问是否将文件复制到网站根文件夹内，单击"是"按钮即可将视频素材复制到站点根文件夹中；在"属性"面板中设置视频的高度和宽度，如图 3-22 所示。

图 3-21　选择视频

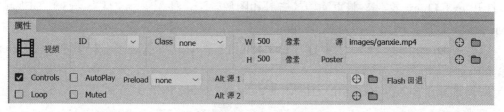

图 3-22　设置视频属性

（5）选择"文件"→"另存为"命令将网页另存为 ex3-5.html，按功能键 F12 在浏览器中预览，网页效果如图 3-23 所示。

图 3-23　插入视频后的页面效果

六、添加 Flash 动画

打开 ex3-5.html 文件，在网页的视频下方新建一个空白段落，插入实验文件夹 ex3 中的 Flash 动画文件 bike.swf，最后将网页另存为 ex3-6.html。

（1）在 Dreamweaver 2021 中打开 ex3-4.html 文件，按 Enter 键，选择"插入"→HTML →Flash SWF(F)命令，如图 3-24 所示。

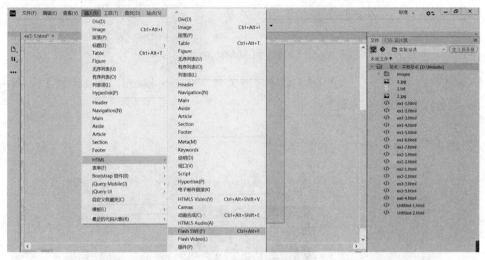

图 3-24 插入 Flash 动画菜单操作

（2）在弹出的"选择 SWF"对话框中选择实验文件夹 ex3 中的 SWF 素材 bike.swf，如图 3-25 所示。

图 3-25 选择 SWF 素材

（3）单击"确定"按钮，弹出"对象标签辅助功能属性"对话框，如图 3-26 所示，单击 "确定"按钮即可插入 Flash 动画。如果 Flash 动画文件在网站根文件夹以外，将弹出警告对话框，询问是否将文件复制到网站根文件夹内，单击"是"按钮即可将 Flash 动画文件素材复制到站点根文件夹中。

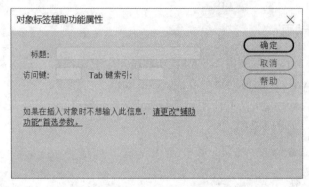

图 3-26 "对象标签辅助功能属性"对话框

（4）选择"文件"→"另存为"命令将网页另存为 ex3-6.html，按功能键 F12 在浏览器中预览，网页效果如图 3-27 所示。

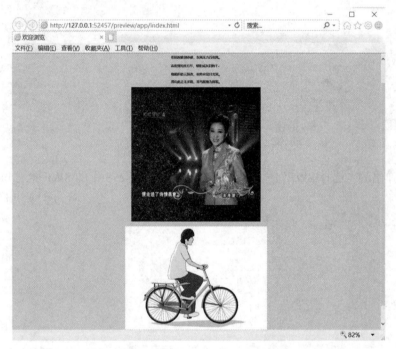

图 3-27 插入 SWF 后的网页效果

思考与练习

1．常见的网页图像格式有哪几种？

2．鼠标经过图像的大小是以原始图像的大小为准还是以鼠标经过图像的大小为准？

3．网页支持添加哪些格式的视频文件？

4．如何添加 Flash Video？

5．本实验中的五和六题可以采用"插入"→HTML→"插件"命令来实现吗？哪些类型的文件添加进网页需要用到"插入"→HTML→"插件"命令。

实验四　超链接

实验目的

1. 掌握如何在网页中添加文本超链接。
2. 掌握如何在网页中添加图像超链接。
3. 掌握如何在网页中添加热点超链接。
4. 掌握如何在网页中添加 E-mail 链接。
5. 掌握如何在网页中添加锚记链接。
6. 掌握如何在网页中添加空链接。

一、设置超链接

打开 ex4-1.html 文件，在古诗后输入文字"唐诗图片"并设置超链接到 images/ts.jpg 文件；输入文字"唐诗百科"，设置超链接到网站根文件夹中的唐诗百科.html 文件；输入文字"唐诗网站"，设置超链接到https://www.gdwxcn.com/tangshi/；输入文字"唐诗下载"，设置超链接到网站根文件夹中的诗.rar；输入文字"唐诗下载"，设置超链接到电子邮箱，电子邮箱地址是 stu×××@163.com；最后保存网页。

（1）启动 Dreamweaver 2021，打开 ex4-1.html 文件。

（2）在 ex4-1.html 中的古诗后输入需要设置超连接的文字，如图 4-1 所示。

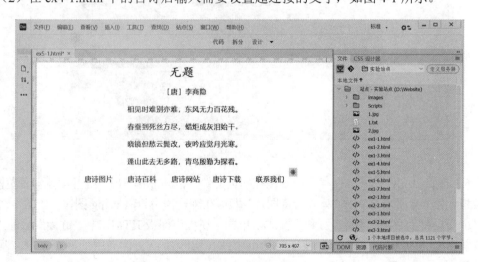

图 4-1　输入超链接文字

（3）选择网页中的"唐诗图片"文本，选择"窗口"→"属性"命令打开"属性"面板，单击 HTML 中"链接"栏后的"浏览文件"按钮，弹出"选择文件"对话框，在其中选择实验网站文件夹中的图片素材 ts.jpg，如图 4-2 所示。

图 4-2　选择图片作为超链接对象

（4）单击"确定"按钮完成指定链接对象路径，在"属性"面板中即可查看到所选择的链接文件，如图 4-3 所示。

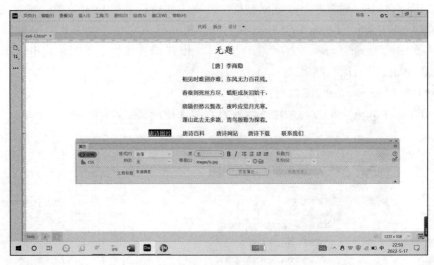

图 4-3　链接对象路径

（5）选择"文件"→"保存"命令保存网页文件，按功能键 F12，打开浏览器预览网页，页面效果如图 4-4 所示。单击文本"唐诗图片"即可在浏览器中查看 ts.jpg 图像，如图 4-5 所示。

（6）选择网页中的"唐诗百科"文本，单击"属性"面板 HTML 中"链接"后的"浏览文件"按钮，在弹出的"选择文件"对话框中选择实验站点文件夹中的网页素材"唐诗百科.html"，如图 4-6 所示。

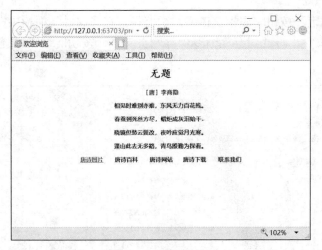

图 4-4 网页预览效果

图 4-5 图片链接效果

图 4-6 选择链接的网页素材

（7）单击"确定"按钮完成指定链接对象路径，在"属性"面板中即可查看到所选择的链接文件，选择"文件"→"保存"命令保存网页文件，按功能键 F12 预览网页，效果如图4-7 所示。

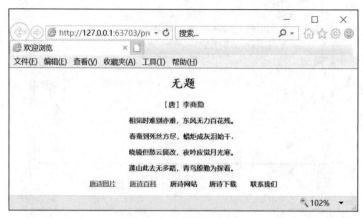

图 4-7 网页预览效果

（8）单击"唐诗百科"文字链接，效果如图 4-8 所示。

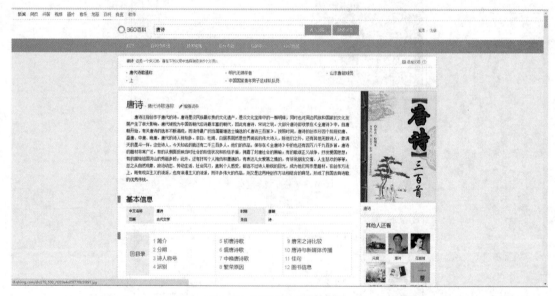

图 4-8 网页素材链接效果

（9）选择网页中的"唐诗网站"文本，在"属性"面板 HTML 中的"链接"文本框中输入网址 https://www.gdwxcn.com/tangshi/，按 Enter 键确定输入，如图 4-9 所示。

（10）保存文件，按功能键 F12 在浏览器中预览效果，单击"唐诗网站"文字链接，效果如图 4-10 所示。

（11）选择网页中的"唐诗下载"文本，单击"属性"面板 HTML 中"链接"后的"浏览文件"按钮，在弹出的"选择文件"对话框中选择实验站点文件夹中的压缩文件素材"诗.rar"，如图 4-11 所示。

图 4-9　文字直接链接网址

图 4-10　链接到网页的效果

图 4-11　选择压缩文件素材

（12）单击"确定"按钮完成指定链接对象路径，在"属性"面板中即可查看到所选择的链接文件，如图 4-12 所示，选择"文件"→"保存"命令保存网页文件。

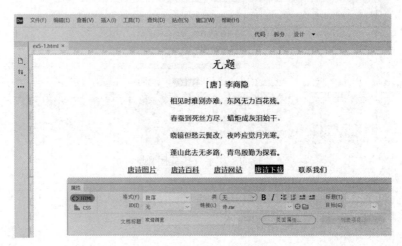

图 4-12　设置下载文件

（13）按功能键 F12 预览网页，单击"唐诗下载"文字链接，弹出如图 4-13 所示的对话框，单击"保存"按钮即可下载"诗.rar"文件到本地硬盘。

图 4-13　文字下载链接效果

（14）选择网页中的"联系我们"文本，选择"插入"→HTML→"电子邮件链接"命令，如图 4-14 所示。

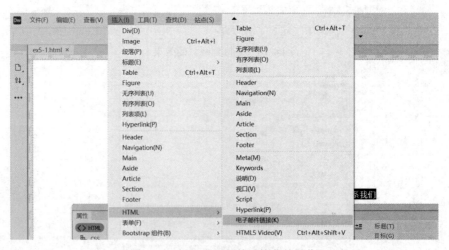

图 4-14　插入电子邮件链接菜单操作

（15）在弹出的"电子邮件链接"对话框的"电子邮件"文本框中输入电子邮箱地址 stu××××@126.com，如图 4-15 所示。

图 4-15 输入电子邮箱地址

（16）单击"确定"按钮即可为选择的"联系我们"文本添加电子邮件链接，如图 4-16 所示。

（17）选择"文件"→"保存"命令，保存网页，按功能键 F12 预览网页，当单击"联系我们"文字时会弹出如图 4-17 所示的对话框，选择打开此文件的方式，如"邮件"即可进行通信。

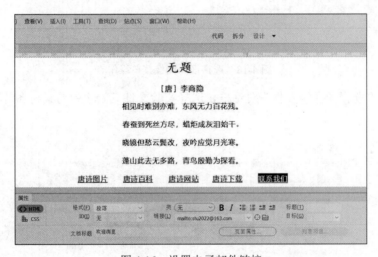

图 4-16 设置电子邮件链接

图 4-17 选择电子邮件超链接的打开方式

二、制作图像链接

（1）打开刚才制作的 ex4-1.html 文件，另存为 ex4-2.html 文件；在"联系我们"文字后按 Enter 键新建一个空白段落；选择"插入"→Image 命令，如图 4-18 所示。

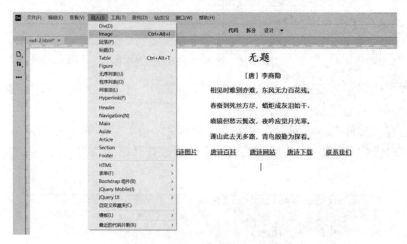

图 4-18　选择插入图像菜单操作

（2）弹出"选择图像源文件"对话框，选择实验文件夹 ex4 中的素材图片 pic1.jpg，如图 4-19 所示。

图 4-19　选择插入的图片素材

（3）单击"确定"按钮并将素材文件复制到站点根文件夹，设置好图片大小，效果如图 4-20 所示。

（4）重复步骤（1）～（3），依次将实验文件夹中的素材图片 pic2.jpg～pic5.jpg 插入到网页中，如图 4-21 所示。

（5）选择网页中的"唐诗图片"图像，单击"属性"面板"链接"后的"浏览文件"按钮，在弹出的"选择文件"对话框中选择实验文件夹 ex4 中的图片素材 ts.jpg，如图 4-22 所示。

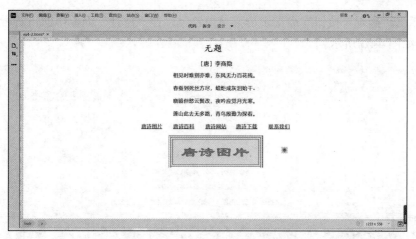

图 4-20　插入图片后的效果

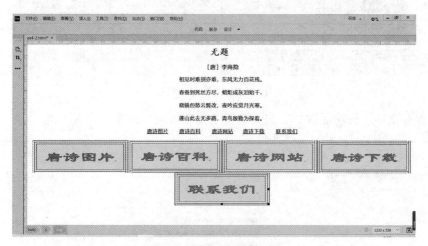

图 4-21　依次插入素材图片

图 4-22　选择图片作为超链接对象

（6）单击"确定"按钮完成指定链接对象路径，在"属性"面板中即可查看到所选择的链接文件，如图 4-23 所示。

图 4-23　链接对象路径

（7）保存文件，按功能键 F12 在浏览器中预览效果，如图 4-24 所示。

图 4-24　图片链接效果

（8）选择网页中的"唐诗百科"图像，单击"属性"面板"链接"后的"浏览文件"按钮，在弹出的"选择文件"对话框中选择实验文件夹 ex4 中的网页素材"唐诗百科.html"文件，如图 4-25 所示。

（9）单击"确定"按钮完成指定链接对象路径，在"属性"面板中即可查看到所选择的链接文件，保存文件，按功能键 F12 在浏览器中预览效果，如图 4-26 所示。

（10）单击"唐诗百科"图片，链接效果如图 4-27 所示。

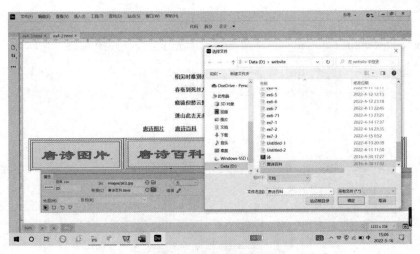

图 4-25　选择链接的网页素材

图 4-26　预览网页效果

图 4-27　网页素材链接效果

（11）选择网页中的"唐诗网站"图像，在"属性"面板中的"链接"文本框中输入网址
http://www.gudianwenxue.com/tangshi/，按 Enter 键确定输入，如图 4-28 所示。

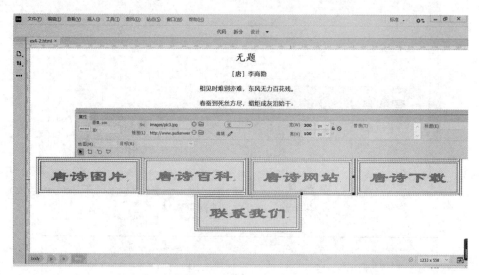

图 4-28　图片链接网址

（12）保存文件，按功能键 F12 在浏览器中预览效果，单击"唐诗网站"文字链接，效果
如图 4-29 所示。

图 4-29　链接到网页的效果

（13）选择网页中的"唐诗下载"图片，单击"属性"面板"链接"后的"浏览文件"
按钮，在弹出的"选择文件"对话框中选择实验文件夹 ex4 中的压缩文件素材"诗.rar"文件，
如图 4-30 所示。

（14）单击"确定"按钮完成指定链接对象路径，在"属性"面板中即可查看到所选择的
链接文件，保存文件。

（15）在浏览器中预览效果，单击"唐诗下载"文字链接，效果如图 4-31 所示，提示打
开还是保存超链接的文件。

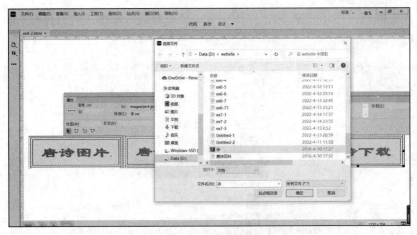

图 4-30　选择压缩文件素材

图 4-31　文字下载链接效果

（16）选择网页中的"联系我们"图像，在"属性"面板的"链接"文本框中输入电子邮件链接地址 mailto:stu××××@163.com，按 Enter 键确定输入，如图 4-32 所示。

图 4-32　设置图片电子邮件链接

（17）保存网页，按功能键 F12 在浏览器中预览效果，单击"联系我们"图片，效果如图 4-33 所示。

图 4-33   图像电子邮件链接效果

三、设置图像热点链接

（1）启动 Dreamweaver 2021，打开 ex4-3.html 网页。

（2）选择"插入"→Image 命令，在弹出的"选择图像源文件"对话框中选择实验文件夹 ex4 中的图片素材 cloth.jpg 并复制到站点根文件夹中，如图 4-34 所示。

图 4-34   插入图片

（3）选择插入网页中的图片，在"属性"面板中调整图片的高度和宽度，调整后的效果如图 4-35 所示。

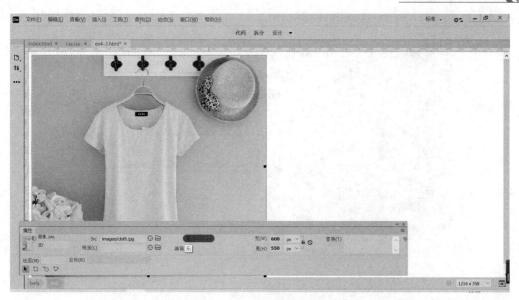

图 4-35 调整图片大小

（4）单击"属性"面板中的"矩形热点工具"按钮，如图 4-36 所示。

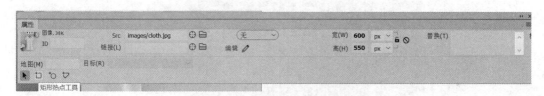

图 4-36 单击"矩形热点工具"按钮

（5）使用鼠标左键在图片素材的挂钩部分从左至右拖动，将图片素材中的挂钩部分覆盖，如图 4-37 所示。

图 4-37 使用鼠标绘制矩形热点区域

（6）单击"属性"面板"链接"后的"浏览文件"按钮，在弹出的"选择文件"对话框中选择 website/images 中的 guagou.jpeg 文件，如图 4-38 所示。

（7）单击"确定"按钮完成指定热点链接对象路径，在"属性"面板中即可查看到所选择的链接文件。

（8）保存网页，按功能键 F12 在浏览器中预览，如图 4-39 所示，在图片中"挂钩"区域的任意位置单击即可打开超链接，链接后的效果如图 4-40 所示。

图 4-38　设置热点的超链接

图 4-39　单击"挂钩"区域的效果

图 4-40　链接效果

（9）单击"属性"面板中的"指针热点工具"，在图片的空白位置单击后选择"属性"面板中的"多边形热点工具"，使用鼠标左键，在图片素材的衣服部分的任意边界点击选取一个起点，然后沿边界依次单击若干次将图片素材中的衣服部分覆盖，如图4-41所示。

图4-41 绘制热点

（10）将光标置于"属性"面板"链接"后的文本框中，输入网址http://www.taobao.com，如图4-42所示。

图4-42 设置热点链接文件

（11）单击"属性"面板中的"指针热点工具"，在图片的空白位置单击后选择"属性"面板中的"多边形热点工具"，使用鼠标左键，在图片素材的帽子部分的任意边界点击选取一个起点，然后沿边界依次单击若干将图片素材中的帽子部分覆盖，设置热点超链接为http://www.baidu.com，目标为_blank，如图4-43所示。

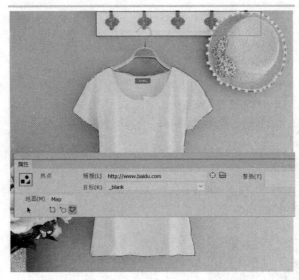

图 4-43　设置"帽子"的热点链接

（12）保存网页，按功能键 F12 在浏览器中预览，单击图像中的帽子部分，效果如图 4-44 所示。

图 4-44　"帽子"部分的超链接效果

四、设置图像锚记链接

（1）启动 Dreamweaver 2021，打开 ex4-4.html 网页。

（2）在网页最上方添加五首古诗的名字并对网页文字进行编辑，如图 4-45 所示。

（3）将光标置于第一首古诗诗名《梦游天姥吟留别》的左边，单击文档窗口上方的"拆分"按钮，如图 4-46 所示。

（4）在拆分视图下半部分的代码窗口中的光标所在位置输入<a name="gs1"></a>，建立第一个锚记 gs1，如图 4-47 所示，上半部分的设计视图中出现锚点图标。

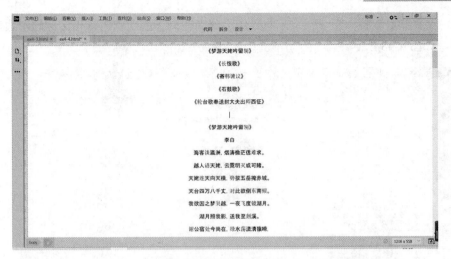

图 4-45　编辑网页文字

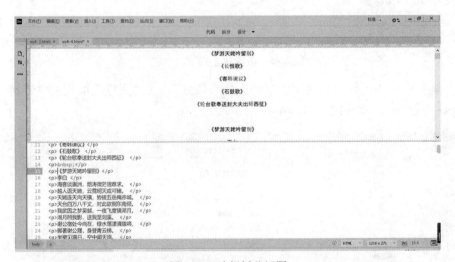

图 4-46　选择拆分视图

图 4-47　输入代码

（5）依次重复步骤（3）和（4）的操作，分别在剩下的四首古诗正文标题左边建立锚记 gs2～gs5，如图 4-48 所示。

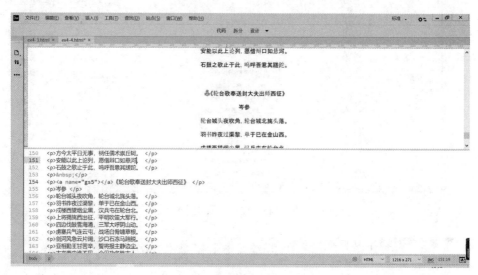

图 4-48　依次建立剩下的锚记

（6）选择网页中的第一行文字"梦游天姥吟留别"，在"属性"面板的"链接"文本框中输入#gs1 并按 Enter 键确定，如图 4-49 所示。

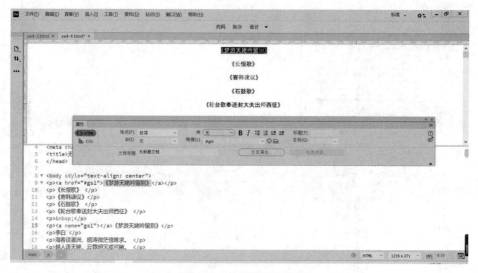

图 4-49　设置锚记链接

（7）按照步骤（6）的操作依次设置剩下的 4 行标题链接文字链接到锚记 gs2～gs5，如图 4-50 所示。

（8）保存网页，按功能键 F12 在浏览器中预览，单击链接文字"《寄韩谏议》"后的效果如图 4-51 所示。

（9）选择网页文字"李白"，在"属性"面板的"链接"文本框中输入#并按 Enter 键确定，如图 4-52 所示。

图 4-50 设置剩下的锚记链接

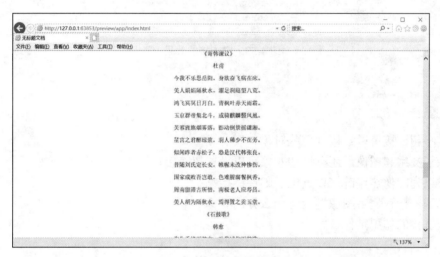

图 4-51 单击链接后的效果

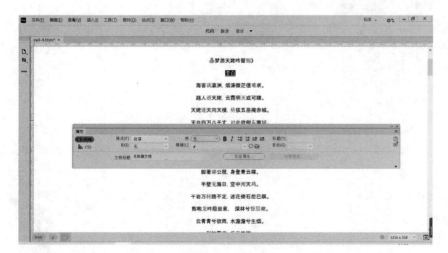

图 4-52 建立空链接

（10）链接设置完成后保存文件，按功能键 12 在浏览器中预览，效果如图 4-53 所示。

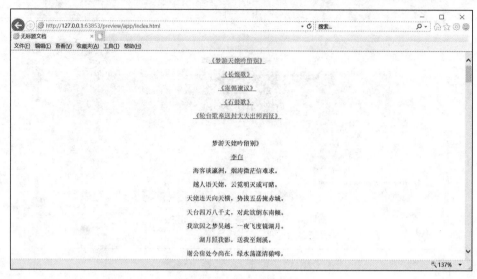

图 4-53　空连接的效果

1．文字超链接可以链接到哪些对象？

2．除了文字和图像，还有哪些对象可以设置超链接？

3．可以为图像热点链接设置电子邮件链接吗？

4．锚记链接跟文字图像链接有什么异同？

5．空链接的作用是什么？

实验五　使用表格

实验目的

1. 掌握利用表格布局网页的方法。
2. 掌握设置网页中表格的方法。

实验内容及步骤

（1）启动 Dreamweaver 2021 软件，选择"文件"→"新建"命令，通过弹出的"新建文档"对话框创建一个空白的 HTML 文件，保存网页并命名为 ex5.html，如图 5-1 所示。

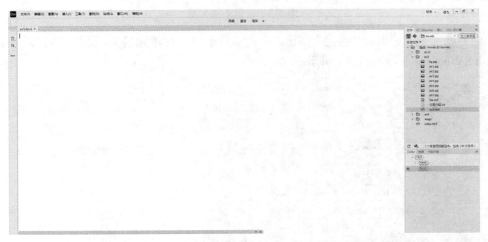

图 5-1　新建空白网页

（2）选择"插入"→Table 命令，如图 5-2 所示。

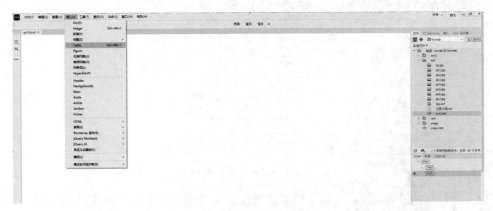

图 5-2　插入表格菜单

（3）在弹出的 Table 对话框中设置表格的行数、列数和表格宽度，如图 5-3 所示。

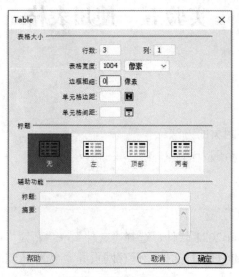

图 5-3　设置表格参数

（4）设置完成后单击"确定"按钮，将光标置于第 1 行单元格中，选择"插入"→HTML →Flash SWF(F)命令，如图 5-4 所示。

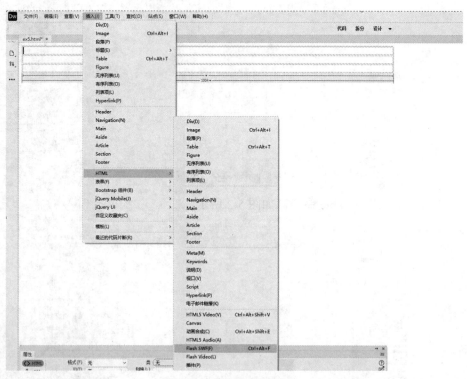

图 5-4　插入插件菜单操作

（5）在弹出的"选择文件"对话框中选择实验文件夹 ex5 中的动画素材 top.swf，如图 5-5 所示。

图 5-5　选择动画素材

（6）单击"确定"按钮即可将选中的素材文件插入到单元格中，保持其默认参数，效果如图 5-6 所示。

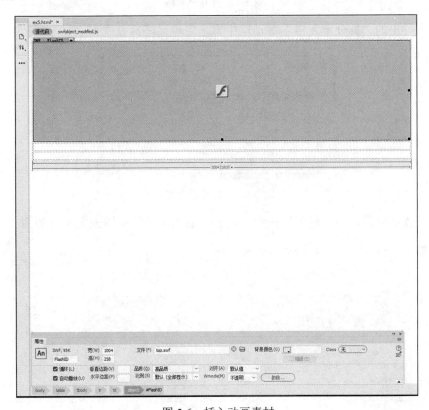

图 5-6　插入动画素材

（7）将光标置于第 2 行单元格中并右击，在弹出的快捷菜单中选择"表格"→"拆分单元格"选项，如图 5-7 所示。

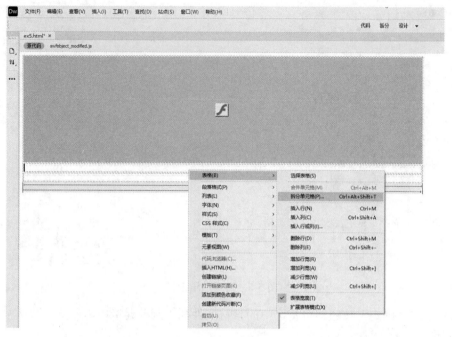

图 5-7　拆分单元格

（8）在弹出的"拆分单元格"对话框中将选定单元格拆分成 13 列，如图 5-8 所示。

图 5-8　拆分单元格

（9）设置完成后单击"确定"按钮，在拆分后的单元格中输入文字，如图 5-9 所示。

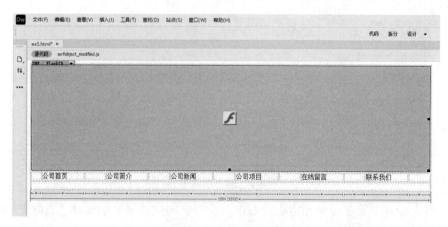

图 5-9　输入文字

（10）选中第二行的单元格并右击，在弹出的快捷菜单中选择"CSS 样式"→"新建"
选项，如图 5-10 所示。

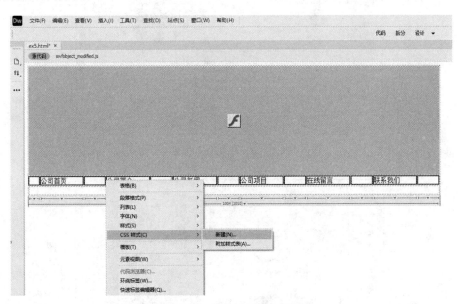

图 5-10　选择"新建"选项

（11）在弹出的"新建 CSS 规则"对话框中设置"选择器名称"为 dhwz，如图 5-11 所示。

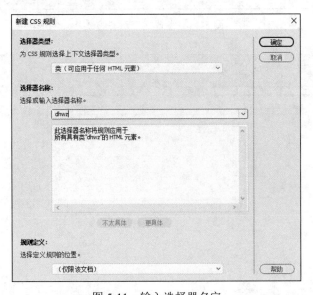

图 5-11　输入选择器名字

（12）设置完成后单击"确定"按钮，在弹出的"CSS 规则定义"对话框中设置"类型"
中的 Color 值为#FFF，如图 5-12 所示。

（13）在"分类"列表框中选择"区块"选项，将 Text-align 设置为 center，如图 5-13 所示。

（14）设置完成后单击"确定"按钮，选中第 2 行的文字，在"属性"面板中应用该样式，
如图 5-14 所示。

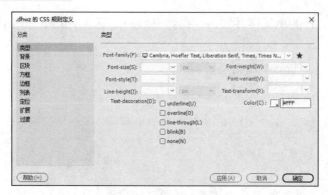

图 5-12　设置字体颜色

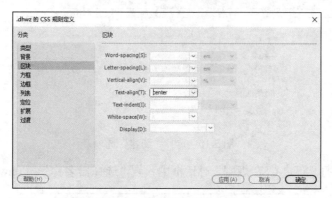

图 5-13　设置文字对齐方式

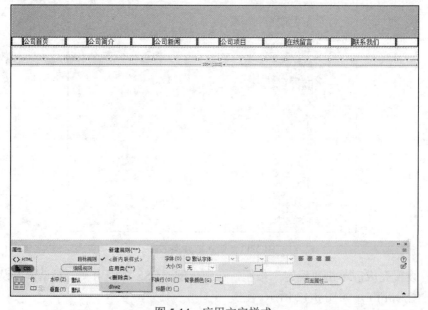

图 5-14　应用文字样式

　　（15）在"属性"面板中调整第 2 行各个单元格的宽，并将高设置为 35，将背景颜色设置为#006633，效果如图 5-15 所示。

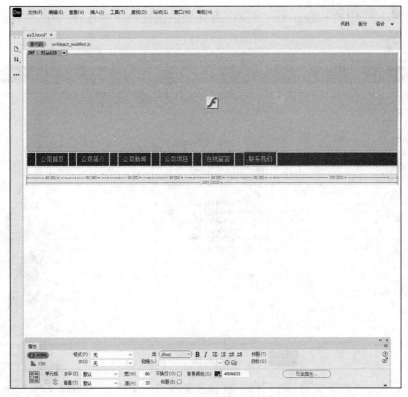

图 5-15　设置单元格

（16）将光标置于第 3 行单元格中，单击"拆分"按钮，在"代码"窗口中将光标置于 td 右侧，按空格键，在弹出的快捷菜单中选择 background 选项，如图 5-16 所示。

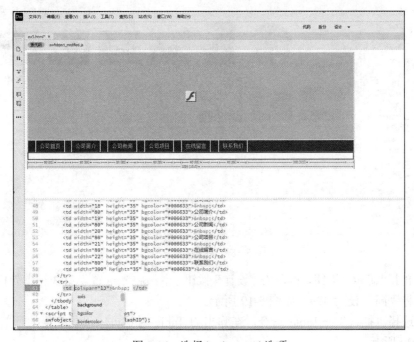

图 5-16　选择 background 选项

（17）双击代码中的 background 选项，在弹出的快捷菜单中选择"浏览"选项，如图 5-17 所示。

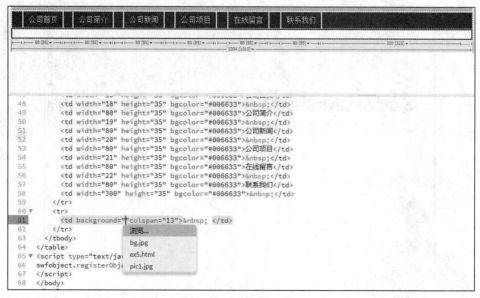

图 5-17 选择"浏览"

（18）在弹出的"选择文件"对话框中选择实验文件夹 ex5 中的素材文件 bg.jpg，如图 5-18 所示。

图 5-18 选择素材文件

（19）单击"确定"按钮，再单击"设计"按钮，继续将光标置于第 3 行单元格中，在"属性"面板中将"高"设为 379，如图 5-19 所示。

（20）选择"插入"→Table 命令，在弹出的 Table 对话框中设置表格的行数、列数和宽度，如图 5-20 所示。

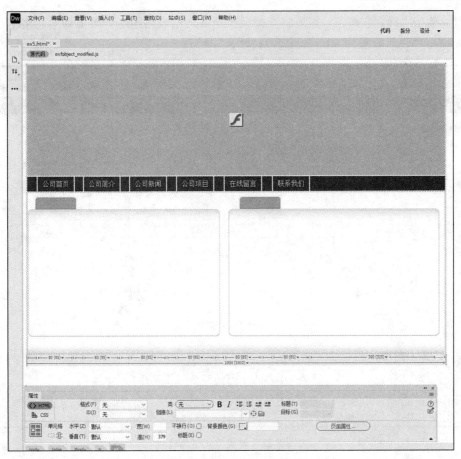

图 5-19　设置单元格高度

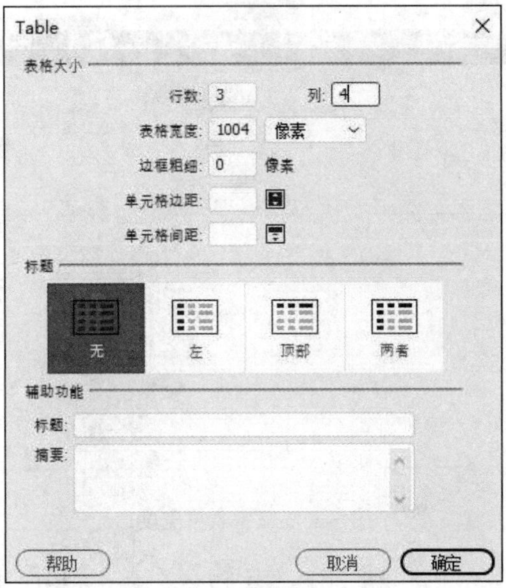

图 5-20　设置表格参数

（21）单击"确定"按钮，然后将光标置于新插入的表格第1行第1列单元格中，在"属性"面板中将"高"设置为40，如图5-21所示。

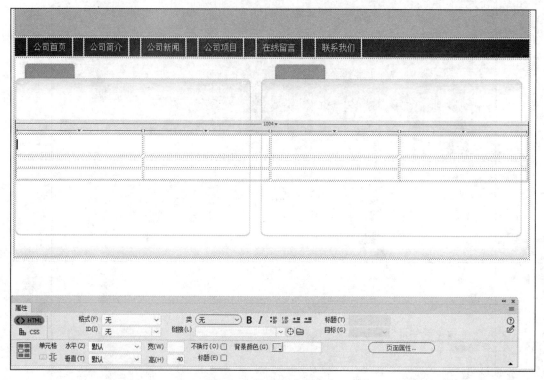

图 5-21　设置单元格高度

（22）设置完成后在文档窗口中用鼠标左键调整表格宽度，调整后的效果如图5-22所示。

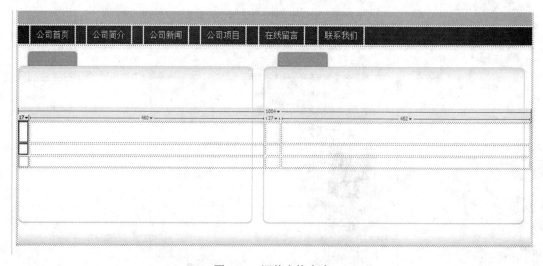

图 5-22　调整表格宽度

（23）在第1行的第2列和第4列单元格中输入文字"公司简介"和"效果展示"，选择输入的文字并右击，在弹出的快捷菜单中选择"CSS样式"→"新建"选项，如图5-23所示。

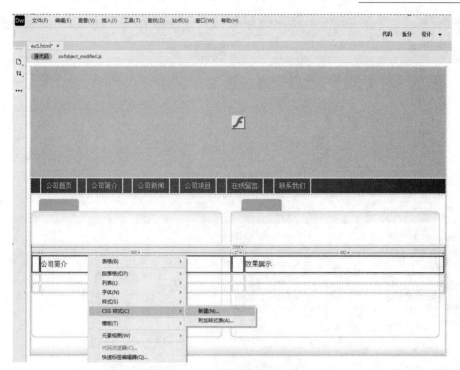

图 5-23　选择"新建"选项

（24）在弹出的"新建 CSS 规则"对话框中设置"选择器名称"为 wz1，单击"确定"
按钮，在弹出的"CSS 规则定义"对话框中将"类型"中的 Font-size 设置为 18，将 Font-weight
设置为 bold，将 Color 设置为#FFF，如图 5-24 所示。

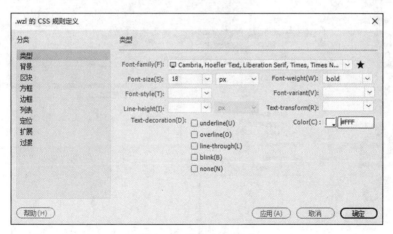

图 5-24　设置文字格式

（25）单击"确定"按钮为输入的文字应用该样式，在"属性"面板中将"垂直"设置为
"底部"，然后将表格的第 2 行和第 3 行单元格的高度分别设置为 300 和 39，效果如图 5-25
所示。

（26）选中第 2 行的第 1 列和第 2 列单元格并右击，在弹出的快捷菜单中选择"表格"→
"合并单元格"选项，如图 5-26 所示。

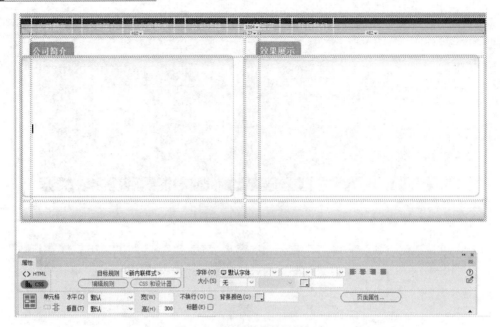

图 5-25　应用样式并设置行高

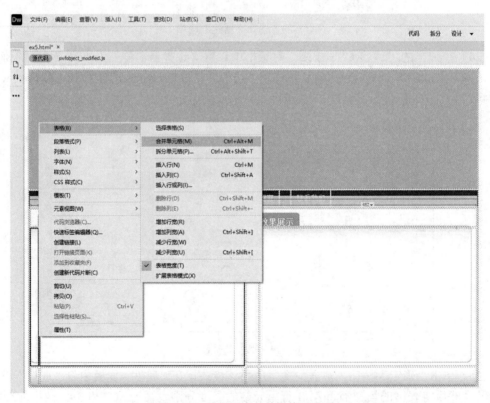

图 5-26　选择"合并单元格"选项

（27）将光标置于合并后的单元格中，选择"插入"→Table 命令，在弹出的 Table 对话框中设置新插入表格的行数、列数、表格宽度和单元格边距，如图 5-27 所示。

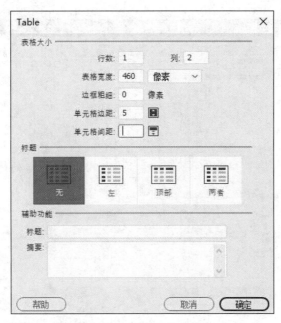

图 5-27　设置表格参数

（28）单击"确定"按钮，将光标置于新插入表格的第 1 列单元格中，选择"插入"→Image 命令，在弹出的"选择图像源文件"对话框中选择实验文件夹 ex5 中的素材文件 pic1.jpg，如图 5-28 所示。

图 5-28　插入图像素材

（29）单击"确定"按钮将素材插入到单元格中，然后在"属性"面板中设置该图片的宽和高分别为 151 和 218，如图 5-29 所示。

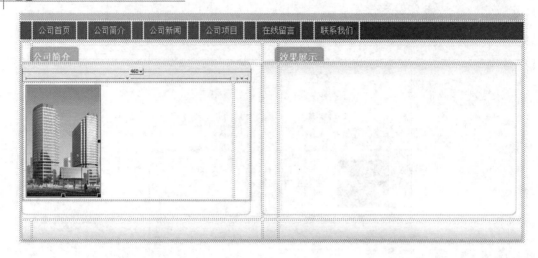

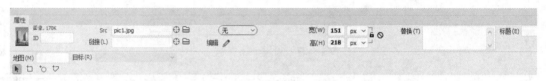

图 5-29　插入素材并设置宽和高

（30）在文档窗口中调整单元格的宽度，将光标置于第 2 个单元格中，在"属性"面板中将"高"设置为 300，如图 5-30 所示。

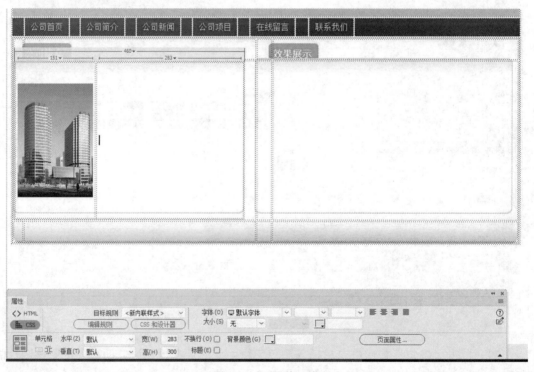

图 5-30　设置单元格

（31）在第 2 列单元格中输入文字，选中输入的文字并右击，在弹出的快捷菜单中选择"CSS 样式"→"新建"选项，如图 5-31 所示。

图 5-31 输入文字并新建样式

（32）在弹出的"新建 CSS 规则"对话框中将"选择器名称"设置为 wz2，单击"确定"按钮，在弹出的"CSS 规则定义"对话框中将"类型"中的 Font-size 设置为 13，将 Line-height 设置为 18，如图 5-32 所示。

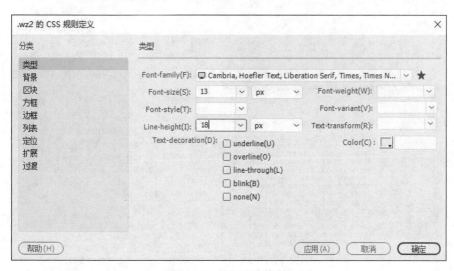

图 5-32 设置文字参数

（33）单击"确定"按钮，继续选中文字，为其应用该样式，效果如图 5-33 所示。

（34）选中其右侧的两列单元格并右击，在弹出的快捷菜单中选择"表格"→"合并单元格"选项，如图 5-34 所示。

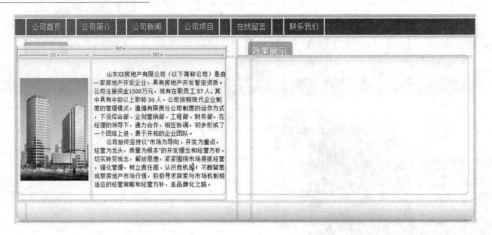

图 5-33 应用 CSS 规则

图 5-34 选择"合并单元格"命令

（35）将光标置于合并后的单元格中，选择"插入"→Table 命令，在弹出的 Table 对话框中设置新插入表格的行数、列数、表格宽度和单元格边距，如图 5-35 所示。

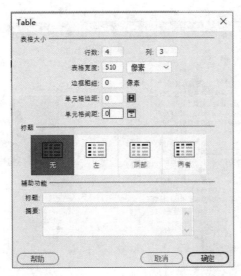

图 5-35　设置表格参数

（36）单击"确定"按钮，选中新表格的所有单元格，在"属性"面板中将"水平"设置为"居中对齐"，如图 5-36 所示。

图 5-36　设置对齐方式

（37）将光标置于新插入表格的第 1 行第 1 列单元格中，选择"插入"→Image 命令，在弹出的"选择图像源文件"对话框中选择实验文件夹 ex5 中的素材文件 pic2.jpg，单击"确定"按钮，在"属性"面板中将图片的宽和高分别设置为 150 和 123，并用鼠标左键单击表格框线应用效果，如图 5-37 所示。

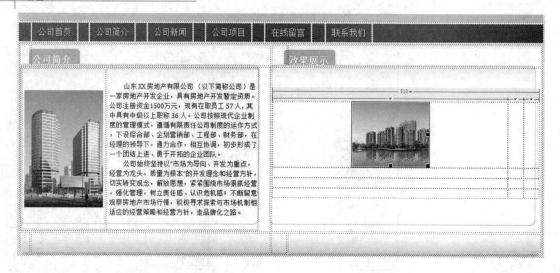

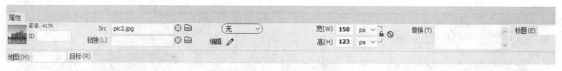

图 5-37 插入图像并设置属性

（38）将光标置于新插入图片下方的单元格中，输入"中建华府"，选中输入的文字，新建一个选择器名称为 wz3 的 CSS 样式，在弹出的"CSS 规则定义"对话框中将"类型"中的 Font-size 设置为 12，如图 5-38 所示。

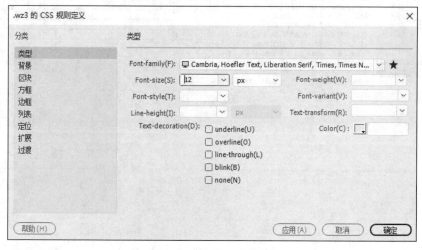

图 5-38 设置 CSS 规则

（39）单击"确定"按钮，继续选中文字"中建华府"，为其应用新建的 CSS 样式 wz3，如图 5-39 所示。

（40）重复步骤（37）至步骤（39），依次插入素材图片 pic3～pic7 并输入相应文字，调整单元格后的效果如图 5-40 所示。

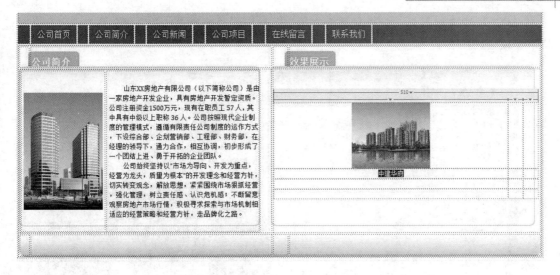

图 5-39　为文字应用样式

图 5-40　插入其他图片和文字并调整后的效果

（41）选中表格最后一行单元格并右击，在弹出的快捷菜单中选择"表格"→"合并单元格"选项，如图 5-41 所示。

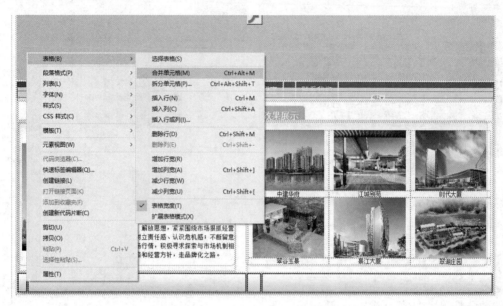

图 5-41　选择"合并单元格"选项

（42）将光标置于合并后的单元格中，在"属性"面板中将单元格水平对齐方式设置为"居中对齐"，输入文字并为其应用 wz3 样式，效果如图 5-42 所示。

图 5-42　输入文字并应用 CSS 样式

（43）保存网页，按功能键 F12 在浏览器中预览，效果如图 5-43 所示。

图 5-43　最终效果

思考与练习

1．使用表格布局设计网页时为什么需要嵌套表格？
2．网页文字设置为什么需要通过新建 CSS 规则并应用来实现？
3．在表格中插入图像并设置好大小后怎样使表格自适应新设置的图像？

实验六　CSS 样式表

实验目的

1. 掌握内部样式表和外部样式的使用。
2. 掌握各种选择器的创建、使用、修改方法。
3. 掌握导航栏和下拉菜单的制作。

实验内容及步骤

一、新建内部样式表规则

打开 ex6-1.html 网页，创建 3 个内部样式表规则：类选择器.font01、ID 选择器#ziti02、标签选择器 h1。.font01 的属性设置为：color:blue;text-decoration:underline;font-size:14px。#ziti02 的属性设置为：字体颜色绿色，倾斜，删除线。标签选择器 h1 的属性设置为：color:red;font-family: 黑体。将#ziti02 应用到正文第二段，将.font01 应用到正文第一段和第三段，页面效果如图 6-1 所示。

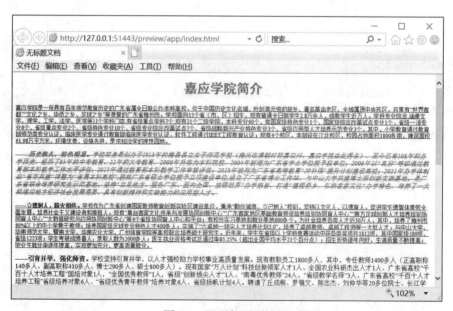

图 6-1　网页的页面效果

（1）启动 Dreamweaver 2021 软件，打开 ex6-1.html 文件。

（2）选择"窗口"→"CSS 设计器"命令打开"CSS 设计器"面板，单击"添加源"按钮，在下拉列表中选择"在页面中定义"，如图 6-2 所示。

（3）单击"添加选择器"按钮，输入.font01，按 Enter 键，在下方"属性"窗格中单击"文本"按钮，设置 color 属性值为 blue，font-size 属性值为 14px，text-decoration 属性值为下划线，如图 6-3 所示。

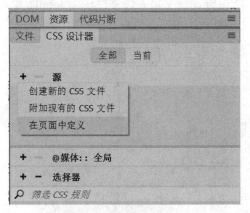

图 6-2　添加内部样式表　　　　　　　图 6-3　.font01 的"属性"窗格

（4）再次单击"添加选择器"按钮，输入#ziti02，按 Enter 键，在下方"属性"窗格中单击"文本"按钮，设置 color 属性值为 green，font-style 属性值为 oblique，text-decoration 属性值为 line-through，如图 6-4 所示。

（5）再次单击"添加选择器"按钮，输入 h1，按 Enter 键，在下方"属性"窗格中单击"文本"按钮，设置 color 属性值为 red，font-family 属性值为黑体，如图 6-5 所示。

图 6-4　#ziti02 的"属性"窗格　　　　　图 6-5　h1 的"属性"窗格

至此，3 个规则已经创建完成，可以看到，网页标题的文字颜色变成了红色黑体，这是因为标题段落已经应用了 h1 选择器。

（6）选定正文第二段，选择"窗口"→"属性"命令打开"属性"面板，在 HTML 的 ID 栏中选择 ziti02，把#ziti02 选择器应用到正文第二段。

（7）选定正文第一段，选择"窗口"→"属性"命令打开"属性"面板，在 CSS 的"目标规则"栏中选择 font01，把.font01 选择器应用到正文第一段。采用此方法把.font01 选择器应用到正文第三段。

二、新建外部样式表

新建外部样式表文件 ex6.css，将前述 3 个选择器创建到该样式表文件中，再增加一个选择器 body，将背景图像设置为 imagese/green.jpg。打开 ex6-2.html 文件，将刚创建的 ex6.css 文件附加进来，并设置正文第一段文字应用#ziti02 规则，正文第二段文件应用.font01 规则。

（1）启动 Dreamweaver 2021 软件，选择"文件"→"新建"命令，在弹出的"新建文档"对话框中选择"文档类型"为 CSS，如图 6-6 所示，单击"创建"按钮。

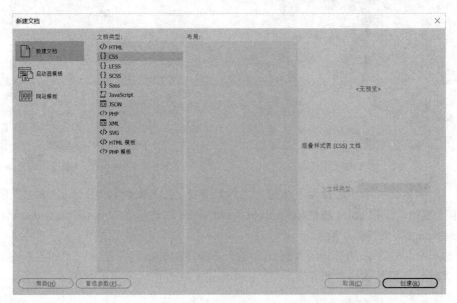

图 6-6 "新建文档"对话框

（2）在 CSS 文档内输入如图 6-7 所示的代码，选择"文件"→"保存"命令，弹出"另存为"对话框，在"文件名"文本框中输入 ex6.css，如图 6-8 所示，单击"保存"按钮。

```css
@charset "utf-8";
/* CSS Document */

h1 {
    color: red;
    font-family: "黑体";
}
.font01 {
    color: blue;
    font-size: 14px;
    text-decoration: underline;
}
#ziti02 {
    color: green;
    font-style: oblique;
    text-decoration: line-through;
}
body{

    background-image: url(images/green.jpg);
}
```

图 6-7 CSS 代码

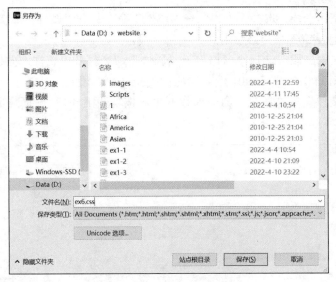

图 6-8 "另存为"对话框

（3）在 Dreamweaver 2021 中打开 ex6-2.html 文件，单击"CSS 设计器"面板中的"添加源"按钮，在下拉列表中选择"附加现有的 CSS 文件"，如图 6-9 所示，弹出"使用现有的 CSS 文件"对话框，单击"文件/URL"文本框右侧的"浏览"按钮，弹出"选择样式表文件"对话框，选中 ex6.css 文件，单击"确定"按钮，回到"使用现有的 CSS 文件"对话框，如图 6-10 所示，单击"确定"按钮将外部样式表文件以链接的方式附加到网页中。

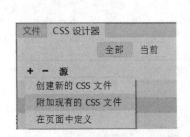

图 6-9 附加外部样式表文件

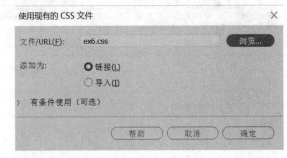

图 6-10 "使用现有的 CSS 文件"对话框

可以看到，网页添加了背景图像，标题文字变成了红色黑体，如图 6-11 所示。

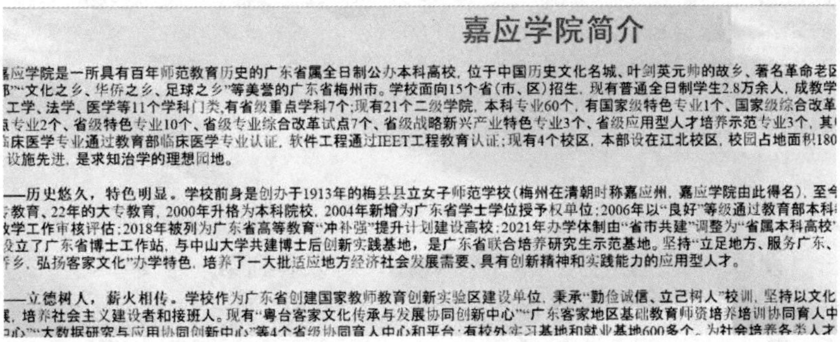

图 6-11 附加 ex6.css 文件后的页面效果

（4）选定正文第一段，选择"窗口"→"属性"命令打开"属性"面板，在 HTML 的 ID 栏中选择 ziti02，把#ziti02 选择器应用到正文第一段。

（5）选定正文第二段，选择"窗口"→"属性"命令打开"属性"面板，在 CSS 的"目标规则"栏中选择.font01，把.font01 选择器应用到正文第二段。

（6）选择"文件"→"保存"命令保存网页，按功能键 F12 预览网页，效果如图 6-12 所示。

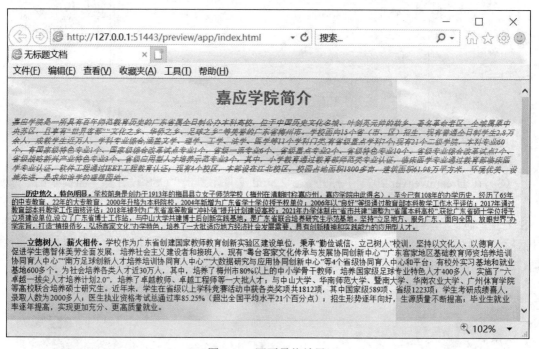

图 6-12　网页最终效果

三、设置超链接的 CSS 规则

（1）启动 Dreamweaver 2021 软件，打开 ex6-3.html 文件。

（2）单击"代码"按钮切换到"代码"视图，在<head>和</head>之间的<title>标记下一行输入如图 6-13 所示的代码。

```
<style>
a:link {background-color:#B2FF99;}      /* 未访问链接 */
a:visited {background-color:#FFFF85;}   /* 已访问链接 */
a:hover {background-color:#FF704D;}     /* 鼠标移动到链接上 */
a:active {background-color:#FF704D;}    /* 鼠标点击时 */
</style>
```

图 6-13　CSS 代码

（3）单击"设计"按钮切换到"设计"视图，可以看到第一行文字的背景颜色发生了变化。选择"文件"→"保存"命令保存网页，按功能键 F12 预览网页，效果如图 6-14 所示。

图 6-14 网页初始效果及鼠标移动到文字上方时的效果

四、制作网站导航栏

新建网页，制作导航栏，当鼠标移至导航栏时导航栏的背景颜色发生变化，保存网页为 ex6-4.html。

（1）启动 Dreamweaver 2021 软件，选择"文件"→"新建"命令，在弹出的"新建文档"对话框中选择"文档类型"为 HTML，在"标题"文本框中输入"网站导航栏"，如图 6-15 所示，单击"创建"按钮新建一空白网页。选择"文件"→"保存"命令，弹出"另存为"对话框，在"文件名"文本框中输入 ex6-4.html，如图 6-16 所示。

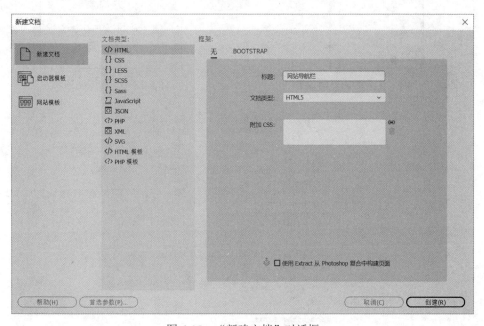

图 6-15 "新建文档"对话框

（2）在网页中输入相应文字，页面效果如图 6-17 所示。

（3）选择所有文字，选择"窗口"→"属性"命令打开"属性"面板，单击 HTML 中的"无序列表"按钮将所有文字设置为无序列表，效果如图 6-18 所示。

（4）分别给每一行文字添加超链接，链接地址 http://www.baidu.com，目标为_blank。

（5）在<head>和</head>标记之间定义 CSS，代码如图 6-19 所示。

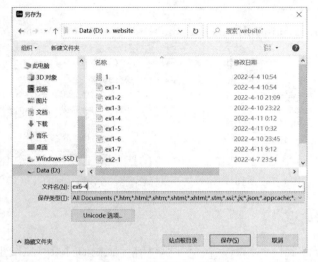

图 6-16　"另存为"对话框

图 6-17　输入文字后的页面效果

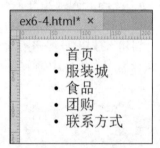

图 6-18　添加无序列表

```
<style type="text/css">
    body,div,ul,li{padding: 0px;maigin:0px;}
ul {
    list-style: none;
    width: 1000px;
    margin-top: 100px;
    margin-right: auto;
    margin-left: auto;
    margin-bottom: 0;
    background-color: #e64346;
    height: 40px;
}
ul li {
    float: left;
    height: 40px;
    line-height: 40px;
    text-align: center;
}
ul li a {
    font-size: 12px;
    text-decoration: none;
    height: 40px;
    display: block;
    padding: 0 10px;
    color: #fff;
}
ul li a:hover {
    background:#a40000;
}
</style>
```

图 6-19　CSS 代码

（6）选择"文件"→"保存"命令保存网页文件，按功能键 F12 预览网页，效果如图 6-20 所示。将光标移至导航栏某一位置时导航栏背景颜色发生变化，此时单击鼠标左键即可打开超链接的网站。

图 6-20　网页预览效果

五、设置表格属性

打开 ex6-5.html 网页，设置如图 6-21 所示的表格效果，表格、表头和单元格的边框都设置成绿色、1 像素大小的单实线，表头背景颜色设置成绿色，字体颜色设置为白色。

图 6-21　表格效果

（1）启动 Dreamweaver 2021 软件，打开 ex6-5.html 文件。

（2）单击"CSS 设计器"面板中的"添加源"按钮，在下拉列表中选择"在页面中定义"。

（3）单击"添加选择器"按钮，输入 table,th,td 并按 Enter 键，在"属性"窗格中单击"边框"按钮，设置 border 属性为 1px、solid、green，如图 6-22 所示。

（4）再次单击"添加选择器"按钮，输入 th 并按 Enter 键，在"属性"窗格中单击"背景"按钮，设置 background-color 的属性值为 green，如图 6-23 所示；单击"文本"按钮，设置 color 的属性值为 white。

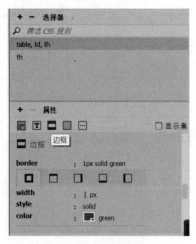 

图 6-22 设置边框属性　　　　　　　图 6-23 设置表头的背景属性

（5）选择"文件"→"保存"命令保存网页，按功能键 F12 预览网页。

六、创建下拉菜单效果

打开 ex6-6.html 文件，使用 CSS 创建一个鼠标移动上去后显示下拉菜单的效果，如图 6-24 所示。

图 6-24 下拉菜单的网页效果

（1）启动 Dreamweaver 2021 软件，打开 ex6-5.html 文件。

（2）单击"CSS 设计器"面板中的"添加源"按钮，在下拉列表中选择"在页面中定义"。

（3）定义.dropdown 选择器，单击"代码"按钮切换到"代码"视图，在<style>和</style>标记之间输入如图 6-25 所示的代码。

（4）定义.dropbtn 选择器，在.dropdown 选择器代码下方输入如图 6-26 所示的代码。

```
.dropbtn {
    background-color: #4CAF50;
    color: white;
    padding: 16px;
    font-size: 16px;
    border: none;
    cursor: pointer;
}
```

```
.dropdown {
    position: relative;
    display: inline-block;
}
```

图 6-25 .dropdown 选择器的代码　　　　图 6-26 .dropbtn 选择器的代码

（5）定义.dropdown-content 选择器，在.dropbtn 选择器代码下方输入如图 6-28 所示的代码。

```
.dropdown-content {
    display: none;
    position: absolute;
    background-color: #f9f9f9;
    min-width: 160px;
    box-shadow: 0px 8px 16px 0px rgba(0,0,0,0.2);
}
```

图 6-27 .dropdown-content 选择器的代码

（6）选定最外层 Div，在"属性"面板的 Class 下拉列表框中选择 dropdown 应用.dropdown 选择器，如图 6-28 所示。

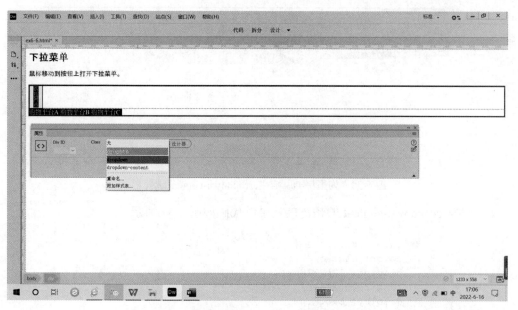

图 6-28 为最外层 Div 应用.dropdown 选择器

（7）选择"购物网站"按钮，在"属性"面板 CSS 中的"目标规则"下拉列表框中选择 dropbtn 应用.dropbtn 选择器，如图 6-29 所示。

（8）选定里层 Div，在"属性"面板的 Class 下拉列表框中选择 dropdown-content 应用.dropdown-content 选择器，如图 6-30 所示。

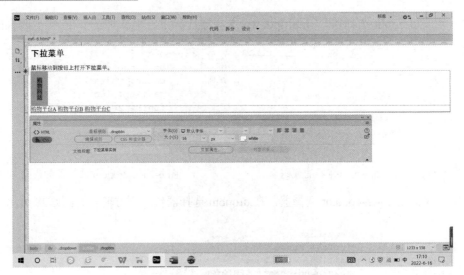

图 6-29　为按钮应用.dropbtn 选择器

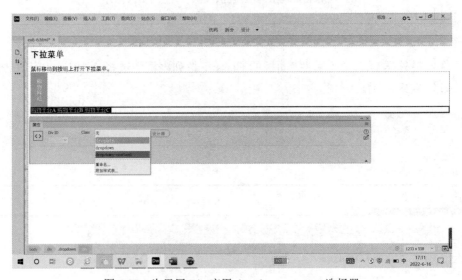

图 6-30　为里层 Div 应用.dropdown-content 选择器

（9）设置.dropdown-content 的超链接效果，代码如图 6-31 所示。

```
.dropdown-content a {
    color: black;
    padding: 12px 16px;
    text-decoration: none;
    display: block;
}

.dropdown-content a:hover {background-color: #f1f1f1}
```

图 6-31　.dropdown-content a 选择器代码

（10）设置下拉菜单显示形式，代码如图 6-32 所示。

（11）设置鼠标移至按钮上方时按钮颜色变化的效果，代码如图 6-33 所示。

```
.dropdown:hover .dropdown-content {
    display: block;
}
```

图 6-32　.dropdown:hover　.dropdown-content 的 CSS 代码

```
.dropdown:hover .dropbtn {
    background-color: #3e8e41;
}
```

图 6-33　鼠标移至按钮上方时按钮显示的颜色

（12）选择"文件"→"保存"命令，保存网页，按功能键 F12 预览网页效果。

七、创建导航栏上的下拉菜单效果

新建 ex6-7.html 文件，使用 CSS 创建导航栏上的下拉菜单效果，如图 6-34 所示。

（1）启动 Dreamweaver 2021 软件，新建网页文档，保存为 ex6-7.html。

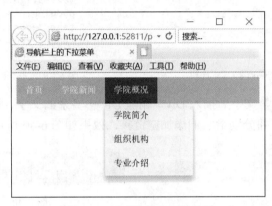

图 6-34　网页的最终预览效果

（2）输入文字"首页"，按 Enter 键，输入"学院新闻"，设置它们的超链接均为空链接#。选定这两段文字，单击"属性"面板 HTML 中的"无序列表"按钮将这两段文字设置为无序列表。

（3）单击"CSS 设计器"面板中的"添加源"按钮，在下拉列表中选择"在页面中定义"；单击"代码"按钮切换到"代码"视图，在<style>和</style>标记之间输入如图 6-35 所示的代码，页面效果如图 6-36 所示。

```
ul {
    list-style-type: none;
    margin: 0;
    padding: 0;
    overflow: hidden;
    background-color: #F79A9C;
    }
li {
    float: left;
}
li a{
    display: inline-block;
    color: white;
    text-align: center;
    padding: 14px 16px;
    text-decoration: none;
     background-color: #F79A9C;
}
```

图 6-35　"无序列表"的 CSS 代码

首页　　学院新闻

图 6-36　页面效果 1

（4）将光标置于"学院新闻"文字的后面，选择"插入"→Div 命令，弹出"插入 Div"对话框，单击"确定"按钮插入 Div。删除 Div 中的文字，输入"学院概况"，并给文字添加空链接。设置.dropdown 选择器：单击"代码"按钮切换到"代码"视图，输入如图 6-37 所示的代码，并把该规则应用到刚插入的 Div 上。

（5）设置.dropbtn 选择器，代码如图 6-38 所示，并把它应用到"学院概况"文字上，页面效果如图 6-39 所示。

```
.dropbtn {
    display: inline-block;
    color: white;
    text-align: center;
    padding: 14px 16px;
    text-decoration: none;
     background-color: #F79A9C;
}
```

```
.dropdown {
    display: inline-block;
}
```

图 6-37　.dropdown 的 CSS 代码　　　　图 6-38　.dropbtn 的 CSS 代码

（6）在"学院概况"文字后插入 Div，删除 Div 中多余的文字，输入"学院简介""组织机构"和"专业介绍"，并分别给它们添加空链接，效果如图 6-40 所示。

图 6-39　页面效果 2 　　　　　　　　　　图 6-40　页面效果 3

（7）设置下拉菜单内容的规则，包括下拉菜单内容（.dropdown-content）、下拉菜单内容的超链接（.dropdown-content a）、鼠标移到下拉菜单的内容上时的效果（.dropdown-content a:hover）、鼠标移到下拉菜单时如何显示下拉菜单内容（.dropdown: hover .dropdown-content），代码如图 6-41 所示。把.dropdown-content 选择器应用到步骤（6）插入的 Div 上，页面效果如图 6-42 所示，可以看到下拉菜单已经隐藏起来。

```
.dropdown-content {
    display: none;
    position: absolute;
    background-color: #f9f9f9;
    min-width: 160px;
    box-shadow: 0px 8px 16px 0px rgba(0,0,0,0.2);
}
.dropdown-content a {
    color: black;
    padding: 12px 16px;
    text-decoration: none;
    display: block;
}
.dropdown-content a:hover {background-color: #f1f1f1}
.dropdown:hover .dropdown-content {
    display: block;
}
```

图 6-41　下拉菜单内容的几个规则

首页　　学院新闻　　学院概况

图 6-42　页面效果 4

（8）保存网页，按功能键 F12 在浏览器中预览，效果如图 6-43 所示。

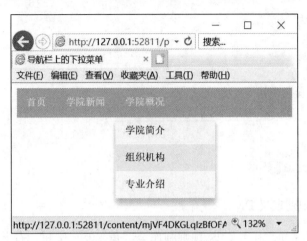

图 6-43　网页预览效果

（9）为了实现鼠标移至"首页""学院新闻"和"学院概况"上方时这些文字的背景颜色变成另外一种，实现类似动态的效果，在<style>和</style>标记中添加如图 6-44 所示的代码。

```
li a:hover, .dropdown:hover, .dropbtn:hover {
    background-color: #B42224;
}
```

图 6-44　实现鼠标移动背景颜色发生变化的 CSS 代码

思考与练习

1. 内部样式表和外部样式表的不同之处有哪些？
2. 选择器有哪几种类型，它们的区别是什么？
3. 请总结制作下拉菜单的过程。

实验七　Div+CSS

1．掌握用 CSS 规则来定义 Div 的方法。
2．熟练掌握利用 Div+CSS 布局网页的方法。

一、利用 CSS 规则定义 Div

打开 ex7-1.html 网页，利用 CSS 规则制作全圆角、左上圆角、右上圆角、左下圆角、右下圆角 Div，页面效果如图 7-1 所示。

图 7-1　各种圆角 Div 网页预览效果

（1）启动 Dreamweaver 2021 软件，打开 ex7-1.html 文件。
（2）单击"CSS 设计器"面板中的"添加源"按钮，在下拉列表中选择"在页面中定义"，单击"代码"按钮切换到"代码"视图，在<style>和</style>标记之间添加如图 7-2 所示的代码，将所有 Div 都设置为高度 100px、宽度 100px、外边距 5px、无边框、背景颜色#F0EA61。

```
div{
    width: 100px;
    height: 100px;
    margin: 5px;
    border: 0px;
    background-color: #F0EA61;
}
```

图 7-2　Div 的 CSS 代码

（3）单击"设计"按钮回到"设计"视图，选择"插入"→Div 命令，弹出"插入 Div"对话框，单击"确定"按钮插入一个 Div，效果如图 7-4 所示。删除 Div 中多余的文字，输入文字"全圆角例子"。

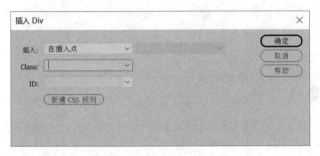

图 7-3　"插入 Div"对话框　　　　　　　　图 7-4　第一个 Div

（4）单击"代码"按钮切换到"代码"视图，在<style>和</style>标记之间添加如图 7-5 所示的代码，创建 ID 选择器 dv-all。

```
#dv-all{
border-radius:15px;
-webkit-border-radius:15px;
-moz-border-radius:15px;
}
```

图 7-5　全圆角 Div 的 CSS 代码

（5）单击"设计"按钮回到"设计"视图，选择 Div，再选择"窗口"→"属性"命令打开"属性"面板，在 Div ID 下方的下拉列表中选择 dv-all，如图 7-6 所示。

图 7-6　全圆角 Div 的"属性"面板

（6）选择"文件"→"保存"命令保存网页，按功能键 F12 预览网页，效果如图 7-7 所示。

（7）将光标置于全圆角 Div 后面，选择"插入"→Div 命令，弹出"插入 Div"对话框，单击"确定"按钮插入一个新的 Div，删除 Div 中多余的文字，输入文字"左上圆角例子"。

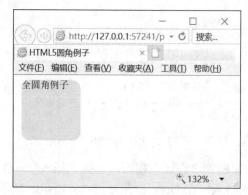

图 7-7　全圆角 Div 的预览效果

（8）单击"代码"按钮切换到"代码"视图，在<style>和</style>标记之间添加如图 7-8 所示的代码，创建 ID 选择器 dv-top-left。

```
#dv-top-left{
border-top-left-radius:15px;
-webkit-border-top-radius:15px;
-moz-border-top-radius:15px;
}
```

图 7-8　左上圆角 Div 的 CSS 代码

（9）单击"设计"按钮，回到"设计"视图，选择 Div，再选择"窗口"→"属性"命令打开"属性"面板，在 Div ID 下方的下拉列表中选择 dv-top-left，如图 7-9 所示。

图 7-9　左上圆角 Div 的"属性"面板

（10）按照步骤（7）至步骤（9）的方法依次添加"右上圆角例子""左下圆角例子""右下圆角例子" Div，他们的 CSS 代码分别如图 7-10 至图 7-12 所示。

```
#dv-top-right{
border-top-right-radius:15px;
-webkit-border-top-right-radius:15px;
-moz-border-top-right-radius:15px;
}
```

图 7-10　右上圆角 Div 的 CSS 代码

```
#dv-bottom-left{
border-bottom-left-radius:15px;
-webkit-border-bottom-left-radius:15px;
-moz-border-bottom-left-radius:15px;
}
```

图 7-11　左下圆角 Div 的 CSS 代码

```
#dv-bottom-right{
border-bottom-right-radius:15px;
-webkit-border-bottom-right-radius:15px;
-moz-border-bottom-right-radius:15px;
}
```

图 7-12　右下圆角 Div 的 CSS 代码

二、设置 CSS 和 Div 的属性

打开 ex7-2.html 网页，利用 CSS+Div 布局网页页面，页面效果如图 7-13 所示。

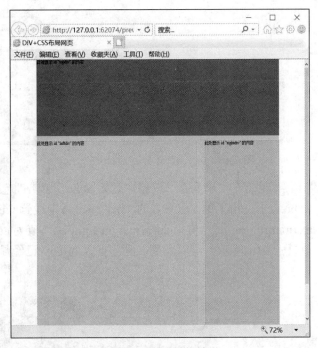

图 7-13　网页最终效果

（1）启动 Dreamweaver 2021 软件，打开 ex7-2.html 文件。

（2）单击"CSS 设计器"面板中的"添加源"按钮，在下拉列表中选择"在页面中定义"，单击"添加选择器"按钮，输入"*"，按 Enter 键。单击"属性"窗格中的"布局"按钮，找到 margin 属性和 padding 属性，把它们的值都设置为 0px，如图 7-14 所示。

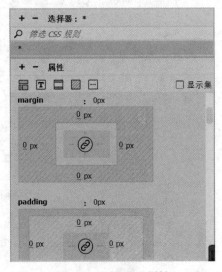

图 7-14　*的 CSS 属性

（3）选择"插入"→Div 命令，弹出"插入 Div"对话框，在 ID 组合框中输入 box，如图 7-15 所示，单击"确定"按钮插入 Div，该 Div 将使用 ID 选择器 box。

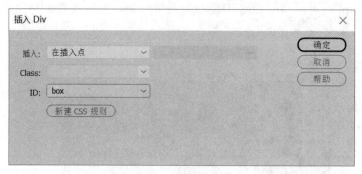

图 7-15　插入 ID 选择器为 box 的 Div

（4）在"CSS 设计器"面板的"所有源"窗格中选定 style，单击"选择器"窗格中的"添加选择器"按钮，输入#box，按 Enter 键。在下方的"属性"窗格中设置 width 属性值为 980px，height 属性值为 1200px，margin-left 属性值为 auto，margin-right 属性值为 auto，background-color 属性值为#CCCCCC，如图 7-16 所示。可以看到，刚才插入的 Div 已经显示成如图 7-17 所示的效果。

图 7-16　#box 的 CSS 属性

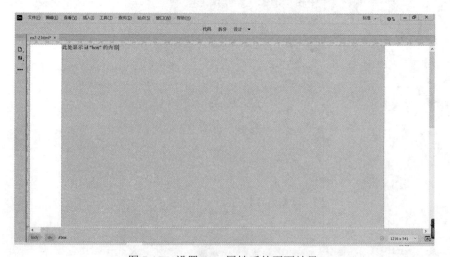

图 7-17　设置#box 属性后的页面效果

（5）删除"此处显示 id "box"的内容"文字，然后选择"插入"→Div 命令，弹出"插入 Div"对话框，在 ID 组合框中输入 topdiv，如图 7-18 所示，单击"确定"按钮在 box 中插入 topdiv。

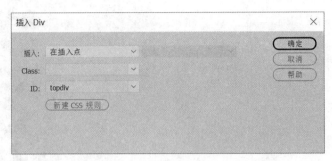

图 7-18　插入 ID 选择器为 topdiv 的 Div

（6）在"CSS 设计器"面板的"所有源"窗格中选定 style，单击"选择器"窗格中的"添加选择器"按钮，输入#box #topdiv，按 Enter 键。在下方的"属性"窗格中设置 width 属性值为 980px，height 属性值为 300px，background-color 属性值为#C019E5，如图 7-19 所示。

图 7-19　#topdiv 的 CSS 属性

（7）选择"插入"→Div 命令，弹出"插入 Div"对话框，在"插入"下拉列表框中选择"在标签后"，在右侧下拉列表框中选择<div id= "topdiv ">，在 ID 组合框中输入 leftdiv，如图 7-20 所示，单击"确定"按钮在 topdiv 下方插入 leftdiv。

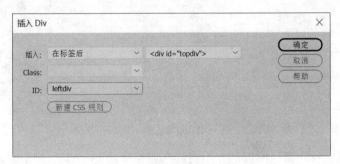

图 7-20　插入 ID 选择器为 leftdiv 的 Div

（8）在"CSS 设计器"面板的"所有源"窗格中选定 style，单击"选择器"窗格中的"添加选择器"按钮，输入#box #leftdiv，按 Enter 键。在下方的"属性"窗格中设置 width 属性值为

650px，height 属性值为 880px，margin-top 属性值为 20px，float 属性值为 Left，background-color 属性值为#03E0DD，如图 7-21 所示。

图 7-21　#leftdiv 的 CSS 属性

（9）选择"插入"→Div 命令，弹出"插入 Div"对话框，在"插入"下拉列表框中选择"在标签后"，在右侧下拉列表框中选择<div id= "leftdiv ">，在 ID 组合框中输入 rightdiv，如图 7-22 所示，单击"确定"按钮在 leftdiv 右边插入 rightdiv。

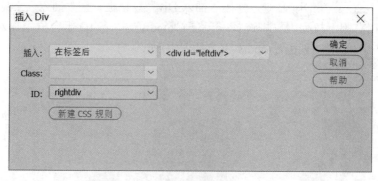

图 7-22　插入 ID 选择器为 rightdiv 的 Div

（10）在"CSS 设计器"面板的"所有源"窗格中选定 style，单击"选择器"窗格中的"添加选择器"按钮，输入#box #rightdiv，按 Enter 键。在下方的"属性"窗格中设置 width 属性值为 300px，height 属性值为 880px，margin-top 属性值为 20px，margin-left 属性值为 30px，float 属性值为 Left，background-color 属性值为#31DD06，如图 7-23 所示。

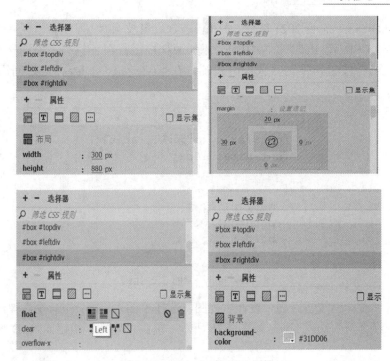

图 7-23 #rightdiv 的 CSS 属性

（11）选择"文件"→"保存"命令保存网页，按功能键 F12，预览网页。

说明： 本实验采用的是用鼠标设置属性，也可以通过输入代码的方式来设置属性。

三、利用 CSS+Div 布局网页页面

打开 ex7-3.html 网页，利用 CSS+Div 布局网页页面，页面效果如图 7-24 所示。

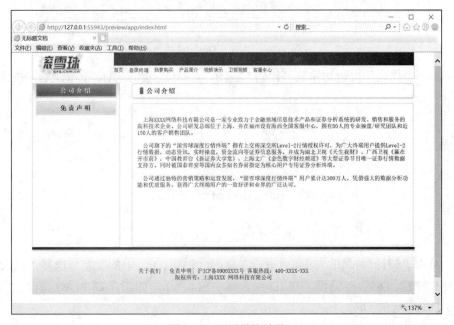

图 7-24 网页最终效果

（1）启动 Dreamweaver 2021 软件，打开 ex7-3.html 文件。

（2）单击"CSS 设计器"面板中的"添加源"按钮，在下拉列表中选择"在页面中定义"，单击"代码"按钮切换到"代码"视图，在<style>和</style>标记之间添加如图 7-25 所示的代码。

```
body {
    font-family: "宋体", arial;
    font-size: 14px;
}
* {
    margin: 0;
    padding: 0;
    border: 0;
}
```

图 7-25   body 和*的 CSS 代码

（3）单击"设计"按钮回到"设计"视图，选择"插入"→Div 命令，弹出"插入 Div"对话框，在 ID 组合框中输入 box，如图 7-26 所示，单击"确定"按钮插入 ID 为 box 的 Div。

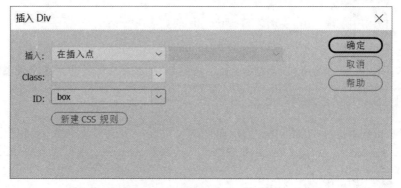

图 7-26   "插入 Div"对话框

（4）单击"代码"按钮切换到"代码"视图，在<style>和</style>标记之间添加如图 7-27 所示的代码。

```
#box {
    height: 650px;
    width: 960px;
    margin-right: auto;
    margin-left: auto;
}
```

图 7-27   #box 的 CSS 代码

（5）单击"设计"按钮，回到"设计"视图。删除 Div 中的文字，选择"插入"→Div 命令，弹出"插入 Div"对话框，在 ID 组合框中输入 top，如图 7-28 所示，单击"确定"按钮，插入 ID 为 top 的 Div。

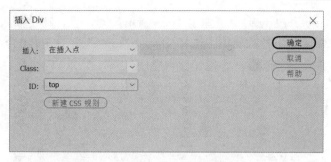

图 7-28　插入顶部 Div

（6）单击"代码"按钮切换到"代码"视图，在<style>和</style>标记之间添加如图 7-29 所示的代码。

（7）单击"设计"按钮回到"设计"视图，删除 Div 中的文字，选择"插入"→Image 命令，弹出"选择图像源"对话框，选择 logo2.jpg，单击"确定"按钮将图片插入到 Div 中。

（8）选中图像，单击"代码"按钮切换到"代码"视图，在<style>和</style>标记之间添加如图 7-30 所示的代码。

```
#top{
    width: 958px;
    height: 64px;
    border: 1px solid #CFCFCF;
    font-size: 12px;
    margin-bottom: 10px;
}
```

图 7-29　#top 的 CSS 代码

```
#box #top img {
    float: left;
    width: 147px;
    height: 64px;
}
```

图 7-30　Logo 图像的 CSS 代码

（9）单击"设计"按钮回到"设计"视图，将光标置于图像之后，选择"插入"→Div 命令，弹出"插入 Div"对话框，在 ID 组合框中输入 top-1，单击"确定"按钮插入 ID 为 top-1 的 Div。

（10）单击"代码"按钮切换到"代码"视图，在<style>和</style>标记之间添加如图 7-31 所示的代码。

```
#top-1 {
    width: 751px;
    float: right;
    background: #8E0000;
    height: 31px;
    margin-right: 1px;
}
```

图 7-31　#top-1 的 CSS 代码

（11）单击"设计"按钮回到"设计"视图，删除 Div 中的文字，如图 7-32 所示。

图 7-32　设置了 top-1 后的页面效果

（12）选择"插入"→Div 命令，弹出"插入 Div"对话框，在"插入"下拉列表框中选择"在标签后"，在右侧的下拉列表框中选择<div id="top-1">，在 ID 组合框中输入 top-2，如图 7-33 所示，单击"确定"按钮。

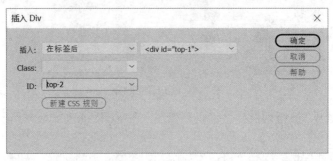

图 7-33　插入 top-2 层

（13）单击"代码"按钮切换到"代码"视图，在<style>和</style>标记之间添加如图 7-34 所示的代码。

（14）单击"设计"按钮切换到"设计"视图，删除 top-2 层中的文字，输入"首页 登录终端 我要购买 产品简介 视频演示 卫视视频 客服中心"文字，并分别为它们设置空链接。

（15）单击"代码"按钮切换到"代码"视图，在<style>和</style>标记之间添加如图 7-35 所示的代码。至此，网页顶部制作完成，选择"文件"→"保存"命令保存网页，按功能键 F12 预览网页，效果如图 7-36 所示。

```
#top-2 {
    width: 751px;
    float: right;
    text-align: left;
    height: 25px;
    margin-right: 1px;
    padding-top:5px;
}
```

图 7-34　#top-2 的 CSS 代码

```
#top-2 a {
    color: #333132;
    margin-right: 14px;
    text-decoration: none;
}
#top-2 a:hover {
    text-decoration: underline;
}
```

图 7-35　#top-2 层中超链接的 CSS 代码

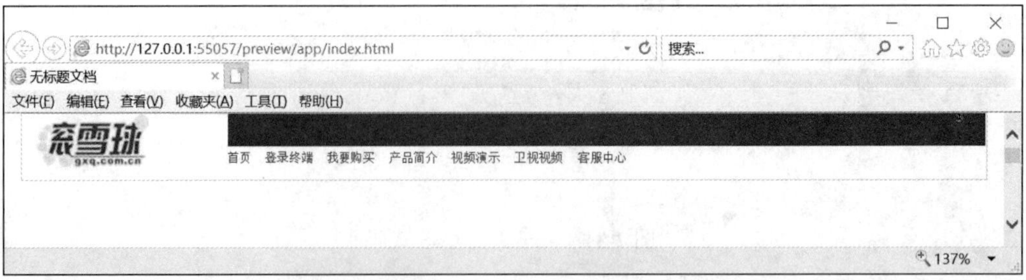

图 7-36　网页顶部效果

（16）单击"设计"按钮切换到"设计"视图，选择"插入"→Div 命令，弹出"插入 Div"对话框，在"插入"下拉列表框中选择"在标签后"，在右侧的下拉列表框中选择"<div id="top">，在 ID 组合框中输入 main，如图 7-37 所示，单击"确定"按钮。

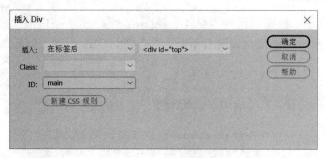

图 7-37　插入 main 层

（17）单击"代码"按钮切换到"代码"视图，在<style>和</style>标记之间添加如图 7-38
所示的代码。

```
#main {
    width: 960px;
     height: 400px;
}
```

图 7-38　#main 层的 CSS 代码

（18）单击"设计"按钮切换到"设计"视图，删除 main 层中的文字。选择"插入"→
Div 命令，弹出"插入 Div"对话框，在 ID 组合框中输入 main-left，单击"确定"按钮。设置
main-left 的规则，代码如图 7-39 所示。

```
#main-left {
    width: 220px;
    height: 400px;
    background: url(images/lt.jpg) no-repeat left top;
    float: left;
    border: 1px solid #CACACA;
    font-weight: bold;
    font-size: 16px;
    letter-spacing: 4px;
}
```

图 7-39　#main-left 层的 CSS 代码

（19）单击"设计"按钮切换到"设计"视图，删除 main-left 层中的文字。选择"插入"
→Div 命令，弹出"插入 Div"对话框，在 ID 组合框中输入 left-1，单击"确定"按钮。设置
left-1 层的规则，代码如图 7-40 所示。

```
#left-1 {
    background-image: url(images/loa2.gif);
    background-repeat: no-repeat;
    height: 25px;
    width: 204px;
    margin-left:auto;
    margin-right:auto;
    margin-bottom:10px;
    text-align: center;
    padding-top:8px;
```

图 7-40　#left-1 层的 CSS 代码

（20）单击"设计"按钮切换到"设计"视图，删除 left-1 层中的文字，输入文字"公司介绍"，并设置超链接为空链接，设置 left-1 层超链接的 CSS 规则，代码如图 7-41 所示。

```
#left-1 a {
    text-decoration: none;
     color:white;
}
#left-1 a:hover {
    text-decoration: underline;
}
```

图 7-41　left-1 层超链接的 CSS 代码

（21）单击"设计"按钮切换到"设计"视图，选择"插入"→Div 命令，弹出"插入 Div"对话框，在 ID 组合框中输入 left-2，单击"确定"按钮在 left-1 层下方插入 left-2 层，设置 left-2 层的规则，代码如图 7-42 所示。

```
#left-2 {
    background-image: url(images/loal.gif);
    background-repeat: no-repeat;
    height: 25px;
    width: 204px;
    margin-left:auto;
    margin-right:auto;
    margin-bottom:10px;
    text-align: center;
    padding-top:8px;
}
```

图 7-42　left-2 层的 CSS 代码

（22）单击"设计"按钮切换到"设计"视图，删除 left-2 层中的文字，输入文字"免责声明"，并设置超链接为空链接，设置 left-2 层超链接的 CSS 规则，代码如图 7-43 所示。

（23）单击"设计"按钮切换到"设计"视图，选择"插入"→Div 命令，弹出"插入 Div"对话框，在 ID 组合框中输入 right，单击"确定"按钮在 main-left 层右方插入 right 层，设置 right 层的规则，代码如图 7-44 所示。

```
#left-2 a {
    text-decoration: none;
     color:black;
}
    #left-2 a:hover {
    text-decoration: underline;
}
```

图 7-43　left-2 层超链接的 CSS 代码

```
#right {
    width: 709px;
    height:400px;
    float: right;
    text-align: left
}
```

图 7-44　right 层的 CSS 代码

（24）单击"设计"按钮切换到"设计"视图，选择"插入"→Div 命令，弹出"插入 Div"对话框，在 ID 组合框中输入 right-1，单击"确定"按钮在 right 层中插入 right-1 层，设置 right-1 层的规则，代码如图 7-45 所示。单击"设计"按钮切换到"设计"视图，删除 right-1 层中的文字，输入文字"公司介绍"。

```
#right-1{
    width: 672px;
    height: 30px;
    background: url(images/loa3.jpg) no-repeat left top;
    font-size: 16px;
    padding-top:10px;
    padding-left:36px;
    margin-bottom: 9px;
    letter-spacing: 2px;
    font-weight: bold;
}
```

图 7-45　right-1 层的 CSS 代码

（25）选择"插入"→Div 命令，弹出"插入 Div"对话框，在 ID 组合框中输入 right-2，单击"确定"按钮在 right-1 层中插入 right-2 层，设置 right-2 层的规则，代码如图 7-46 所示。单击"设计"按钮切换到"设计"视图，删除 right-2 层中的文字，输入相关文字。至此，中间层部分制作完毕，网页预览效果如图 7-47 所示。

```
#right-2{
    padding: 0 12px;
    width: 680px;
    height:350px;
    border: 1px solid #CDCDCD;
}
```

图 7-46　right-2 层的 CSS 代码

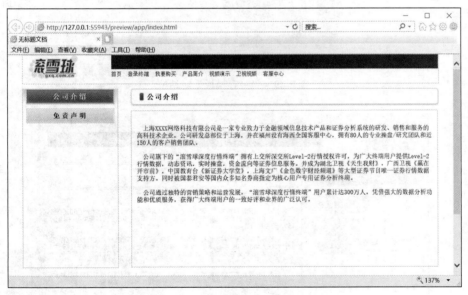

图 7-47　中间层制作后的网页效果

（26）选择"插入"→Div 命令，弹出"插入 Div"对话框，在 ID 组合框中输入 bottom，单击"确定"按钮在 main 层下方插入 bottom 层，设置 bottom 层的规则，代码如图 7-48 所示。单击"设计"按钮切换到"设计"视图，删除 bottom 层中的文字，输入相关文字。选择"文件"→"保存"命令，保存网页，按功能键 F12 预览网页。

```
#bottom {
    background: transparent url('images/footbj.jpg') repeat-x ;
    clear:both;
    height: 115px;
    width: 960px;
    padding-top:20px;
    margin-left:auto;
    margin-right:auto;
    text-align: center;
}
```

图 7-48　bottom 层的 CSS 代码

四、制作模板

打开 ex7-4.html 网页，将其另存为模板，并利用模板技术制作其他栏目的页面。

（1）启动 Dreamweaver 2021 软件，打开 ex7-4.html 文件。

（2）选择"文件"→"另存为模板"命令，弹出"另存模板"对话框，在"另存为："文本框中输入模板名称"模板"，如图 7-49 所示，单击"保存"按钮，生成的模板如图 7-50 所示，此时文件扩展名不再是.html 而是.dwt，表明文件不再是网页而是网页模板。

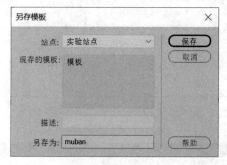

图 7-49　"另存模板"对话框

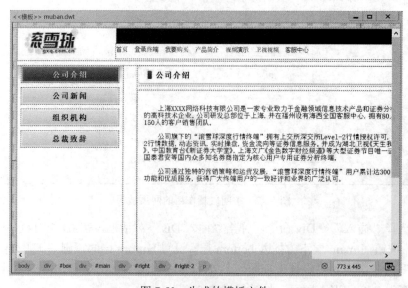

图 7-50　生成的模板文件

（3）在新生成的模板文件中没有包含任何可编辑区域，选中主体区右侧的 Div（如图 7-51 所示），然后选择"插入"→"模板"→"可编辑区域"命令（如图 7-52 所示），弹出"新建可编辑区域"对话框（如图 7-53 所示），输入名称后按"确定"按钮，把选中区域设置为可编辑区域。

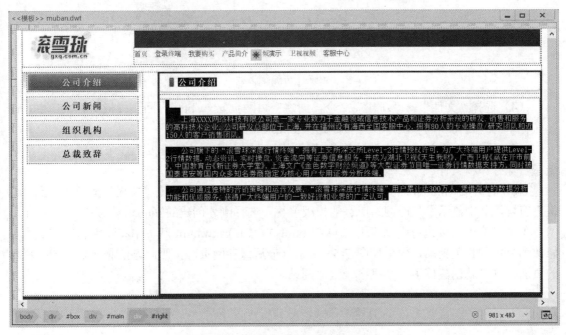

图 7-51 选择主体区右侧的 Div

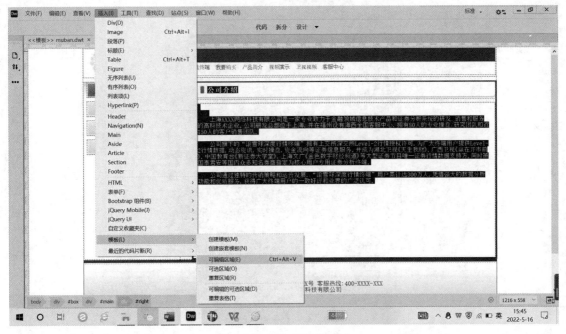

图 7-52 插入可编辑区域

图 7-53 "新建可编辑区域"对话框

（4）选择"文件"→"新建"命令，创建空白网页 gsxw.html。回到模板文件，选中左侧导航栏中的"公司新闻"文字，设置超链接到 gsxw.html。

（5）采用步骤（4）的方法依次创建其他栏目的页面，并在模板文件中设置好栏目的超链接，保存模板文件。

（6）打开 gsxw.html 网页，选择"窗口"→"资源"命令，单击"模板"按钮切换到"模板"窗格，其中显示了当前网站所有的模板名称，选择刚才创建的 muban 模板，如图 7-54 所示，单击"应用"按钮将模板应用到 gsxw.html 中。在 gsxw.html 网页中将可编辑区域的内容修改为公司的相关新闻，效果如图 7-55 所示，最后保存网页。按照此方法制作好每一个栏目的页面，这样就创建好了一个风格一致的网站。

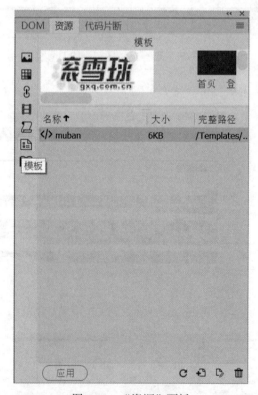

图 7-54 "资源"面板

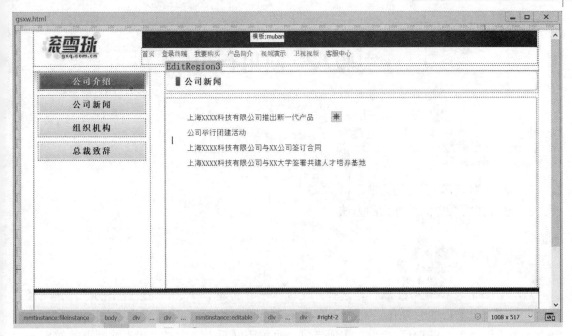

图 7-55 "公司新闻"栏目的页面

思考与练习

1. 为什么在"利用 CSS 规则定义 Div"中建立的选择器都是 ID 选择器而不是类选择器？
2. 如果每行设置两个 Div，应该怎么修改规则？
3. 在 Div 层中插入另一个 Div 和在 Div 层下方插入另一个 Div 的区别是什么？
4. 为什么一定要在模板中设置可编辑区域？

实验八 使用行为

实验目的

1. 掌握制作行为网页的方法。
2. 掌握在网页中添加行为的方法。

实验内容及步骤

启动 Dreamweaver 2021 软件，选择"文件"→"新建"命令，通过弹出的"新建文档"对话框创建一个空白的 HTML 文件，保存为 ex8.html，输入行为设置文字"关闭网页"，为其创建一个"调用 JavaScript"行为，实现当单击"关闭网页"文字时关闭当前网页的效果。

（1）选定文字"关闭网页"。

（2）选择"窗口"→"行为"命令打开"行为"面板，单击"添加行为"按钮 ，在下拉列表中选择"调用 JavaScript"命令。

（3）弹出"调用 JavaScript"对话框，在其中输入 window.close()，如图 8-1 所示，单击"确定"按钮，设置事件为 onClick。

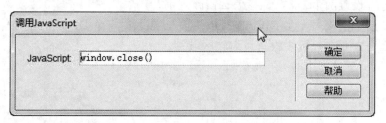

图 8-1 "调用 JavaScript"对话框

（4）保存文档，按功能键 F12 进行预览，打开浏览器后，当单击"关闭网页"文字时会弹出如图 8-2 所示的对话框，单击"是"按钮即可关闭网页。

图 8-2 提示是否关闭页面

思考与练习

1. 本实验中使用了哪个网页常用行为？
2. 除本实验使用的行为外，还有哪些网页常用行为？
3. 常用行为的 JavaScript 分别是什么？

实验九　表单

实验目的

1．掌握制作表单网页的方法。
2．掌握在网页中添加表单对象的方法。

实验内容及步骤

（1）启动 Dreamweaver 2021 软件，选择"文件"→"新建"命令，通过弹出的"新建文档"对话框创建一个空白的 HTML 文件，保存为 ex9.html，然后在"属性"面板中选择 HTML 选项，再单击"页面属性"按钮，弹出"页面属性"对话框，在其中选择"外观（HTML）"选项，将"上边距"和"左边距"都设置为 0，如图 9-1 所示。

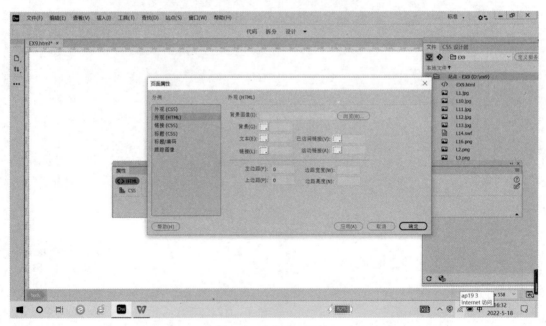

图 9-1　设置页面属性

（2）单击"确定"按钮，然后选择"插入"→Table 命令，在弹出的 Table 对话框中设置新插入表格的行数、列数、表格宽度、边框粗细、单元格边距和单元格间距，如图 9-2 所示。

（3）单击"确定"按钮插入表格，然后在"属性"面板中将 Align 设置为"居中对齐"。选定新插入表格的所有单元格，在"属性"面板中设置"背景颜色"为#373C64，设置完成的效果如图 9-3 所示。

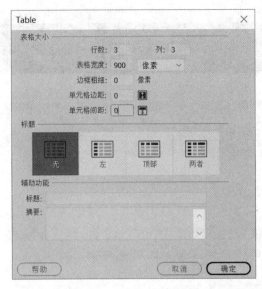

图 9-2 Table 对话框设置

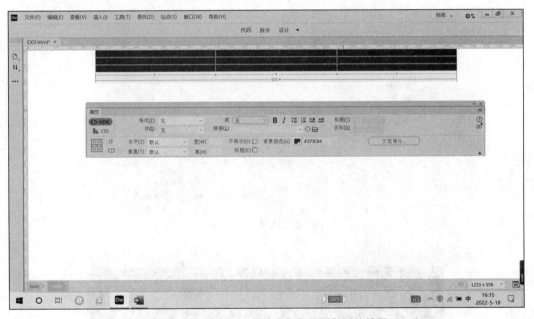

图 9-3 设置表格对齐方式和背景颜色后的效果

（4）将光标置于表格第 1 行第 1 列单元格中，在"属性"面板中将第 1 列的宽设置为 250，第 1 行的高设置为 40；将光标置于表格第 2 行第 2 列单元格中，在"属性"面板中将第 2 列的宽设置为 630，第 2 行的高设置为 40；将第 3 行的高设置为 45，并将第 1 列的第 2 行和第 3 行单元格合并，完成后的效果如图 9-4 所示。

（5）将光标置于合并后的单元格中，选择"插入"→Image 命令，在弹出的"选择图像源文件"对话框中选择实验文件夹 ex9 中的素材文件 L1.jpg，如图 9-5 所示。

（6）单击"确定"按钮插入图片，然后在"属性"面板中设置新插入图片的宽为 250，高为 95，然后单击表格框线以适应图片大小，完成后的效果如图 9-6 所示。

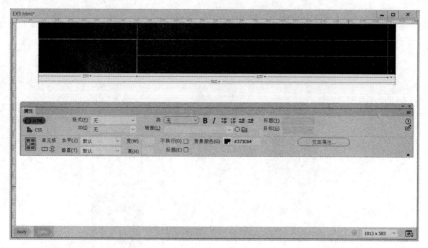

图 9-4 设置单元格

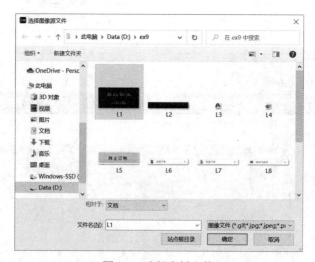

图 9-5 选择素材文件

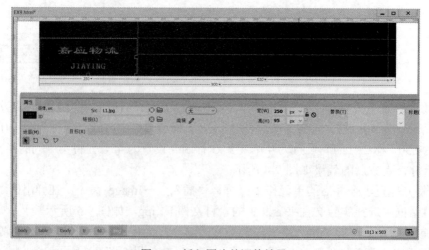

图 9-6 插入图片并调整效果

（7）将光标置于第 1 行第 2 列单元格中，在"属性"面板中将"水平"设置为"右对齐"，将"垂直"设置为"居中"，然后在单元格中输入文字，效果如图 9-7 所示。

图 9-7　设置对齐并输入文字

（8）右击并在弹出的快捷菜单中选择"CSS 样式"→"新建"选项，在弹出的"新建 CSS 规则"对话框中设置"选择器名称"为 w1，如图 9-8 所示。

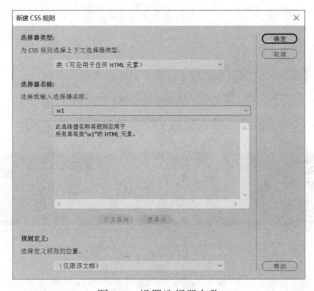

图 9-8　设置选择器名称

（9）单击"确定"按钮，在弹出的"CSS 规则定义"对话框中将"类型"中的 Font-size 设置为 13，将 Color 设置为#FFF，如图 9-9 所示。

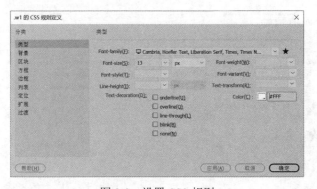

图 9-9　设置 CSS 规则

（10）单击"确定"按钮，选中刚输入的文字，在"属性"面板中选择 CSS 选项，然后将"目标规则"设置为 w1，如图 9-10 所示。

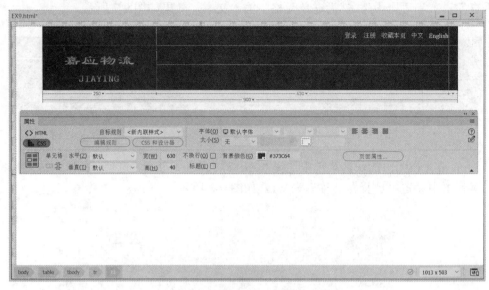

图 9-10　设置文字的目标规则

（11）重复步骤（7）的操作，输入相应文字后效果如图 9-11 所示。

图 9-11　输入文字

（12）右击并在弹出的快捷菜单中选择"CSS 样式"→"新建"选项，在弹出的"新建 CSS 规则"对话框中设置"选择器名称"为 w2，然后单击"确定"按钮，再在弹出的"CSS 规则定义"对话框中将"类型"中的 Font-size 设置为 12，将 Color 设置为#FAAF19，如图 9-12 所示。

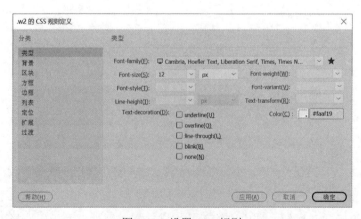

图 9-12　设置 CSS 规则

（13）单击"确定"按钮，选中刚输入的文字，在"属性"面板中选择 CSS 选项，然后将"目标规则"设置为 w2，设置完成后的效果如图 9-13 所示。

图 9-13 文字应用 CSS 规则的效果

（14）将光标置于第 2 列第 3 行单元格中，在"属性"面板中将"水平"和"垂直"都设置为"居中对齐"，然后选择"插入"→Table 命令，在弹出的 Table 对话框中设置新插入表格的行数、列数和表格宽度，如图 9-14 所示。

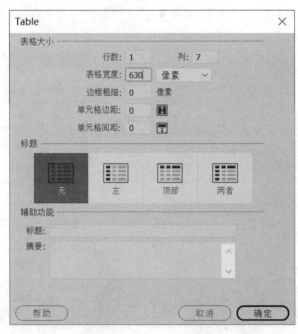

图 9-14 Table 对话框设置

（15）单击"确定"按钮插入表格，然后选择新插入表格的所有单元格，在"属性"面板中将"宽"设置为 90，将"高"设置为 30，将"水平"和"垂直"都设置为"居中对齐"，然后在单元格中输入文字，如图 9-15 所示。

（16）右击并在弹出的快捷菜单中选择"CSS 样式"→"新建"选项，在弹出的"新建 CSS 规则"对话框中设置"选择器名称"为 w3，然后单击"确定"按钮，再在弹出的"CSS 规则定义"对话框中将"类型"中的 Font-size 设置为 18，将 Color 设置为#FAAF19，如图 9-16 所示。

（17）单击"确定"按钮建立规则，选中刚输入的文字，在"属性"面板中选择 CSS 选项，然后将"目标规则"设置为 w3，设置完成后的效果如图 9-17 所示。

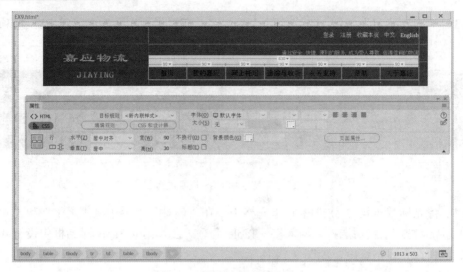

图 9-15　设置表格并输入文字

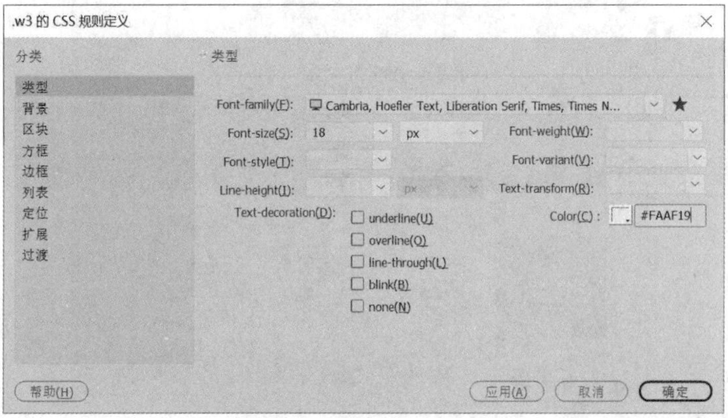

图 9-16　设置 CSS 规则

图 9-17　文字应用 CSS 规则后的效果

（18）将光标置于做好的整个大表格右侧，然后选择"插入"→Table命令，在弹出的Table对话框中设置新插入表格的行数、列数和表格宽度，如图9-18所示。

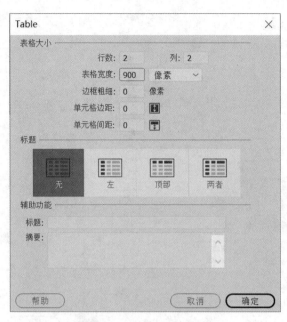

图9-18 Table对话框设置

（19）单击"确定"按钮插入表格，然后在"属性"面板中将Align设置为"居中对齐"，将光标置于表格的第1行第1列单元格中，在"属性"面板中将第1行的高设置为10；选定表格的第2行第1列单元格，在"属性"面板中将第2行的宽设置为320；将光标置于单元格内，将"水平"设置为"居中对齐"，将"垂直"设置为"居中"，如图9-19所示。

图9-19 设置表格

（20）选择"插入"→Table 命令，在弹出的 Table 对话框中设置新插入表格的行数、列数、表格宽度和单元格间距，如图 9-20 所示。

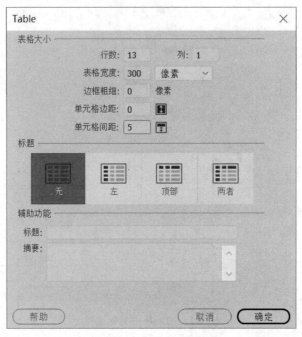

图 9-20　Table 对话框设置

（21）单击"确定"按钮插入表格，选择第 1 行、第 8 行、第 9 行单元格，在"属性"面板中将"高"设置为 45；选择第 2～7 行单元格，在"属性"面板中将"高"设置为 30；选择第 10～13 行单元格，在"属性"面板中将"高"设置为 35，如图 9-21 所示。

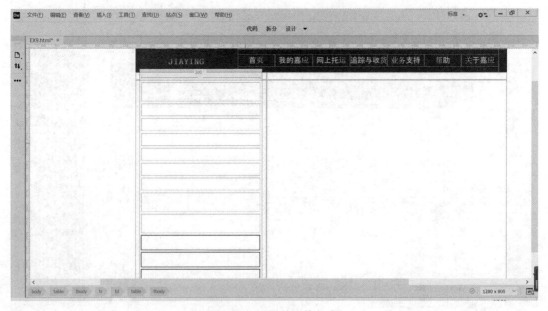

图 9-21　设置单元格行高

（22）将光标置于第 1 行单元格中，单击"拆分"按钮并将光标置于"代码"窗口中命令行<td height="45">中 td 的右侧，按空格键，在弹出的快捷菜单中选择 background 选项，如图 9-22 所示。

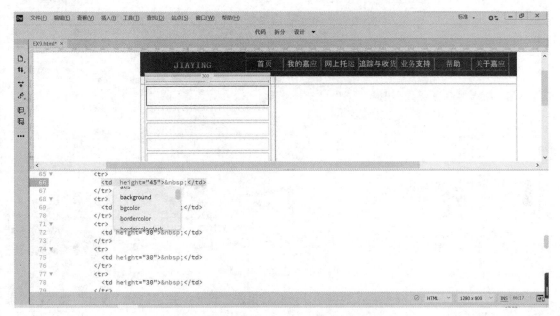

图 9-22　选择 background 选项

（23）双击 background 选项，在弹出的快捷菜单中选择"浏览"选项，如图 9-23 所示。

图 9-23　选择"浏览"选项

（24）在弹出的"选择文件"对话框中选择实验文件夹 ex9 中的素材文件 L2.png，如图 9-24 所示。

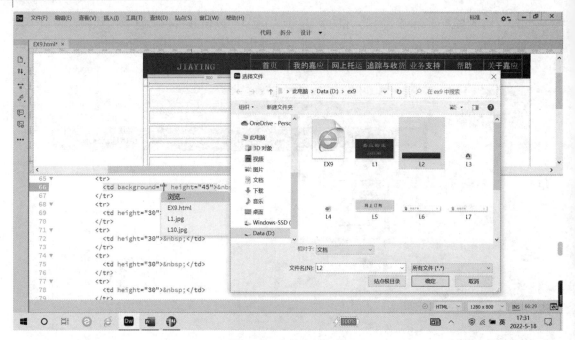

图 9-24　选择素材文件

（25）单击"确定"按钮插入素材图片，然后单击"设计"按钮回到"设计"视图，效果如图 9-25 所示。

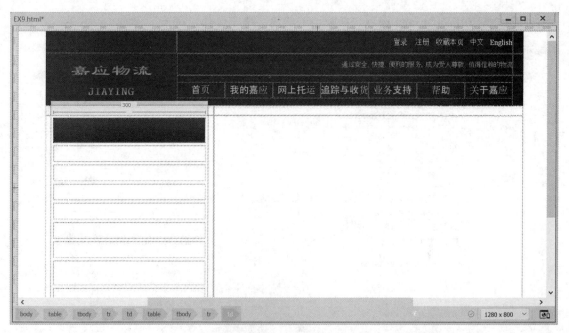

图 9-25　完成效果

（26）将光标置于第 9 行单元格中，然后重复步骤（22）至步骤（25），为第 9 行单元格设置同样的背景，完成后的效果如图 9-26 所示。

图 9-26　设置背景效果

（27）在设置好背景的两个单元格内输入文字，右击并在弹出的快捷菜单中选择"CSS样式"→"新建"选项，在弹出的"新建 CSS 规则"对话框中设置"选择器名称"为 w4，然后单击"确定"按钮，再在弹出的"CSS 规则定义"对话框中将"类型"中的 Font-size 设置为 20，将 Color 设置为#FFF，如图 9-27 所示。

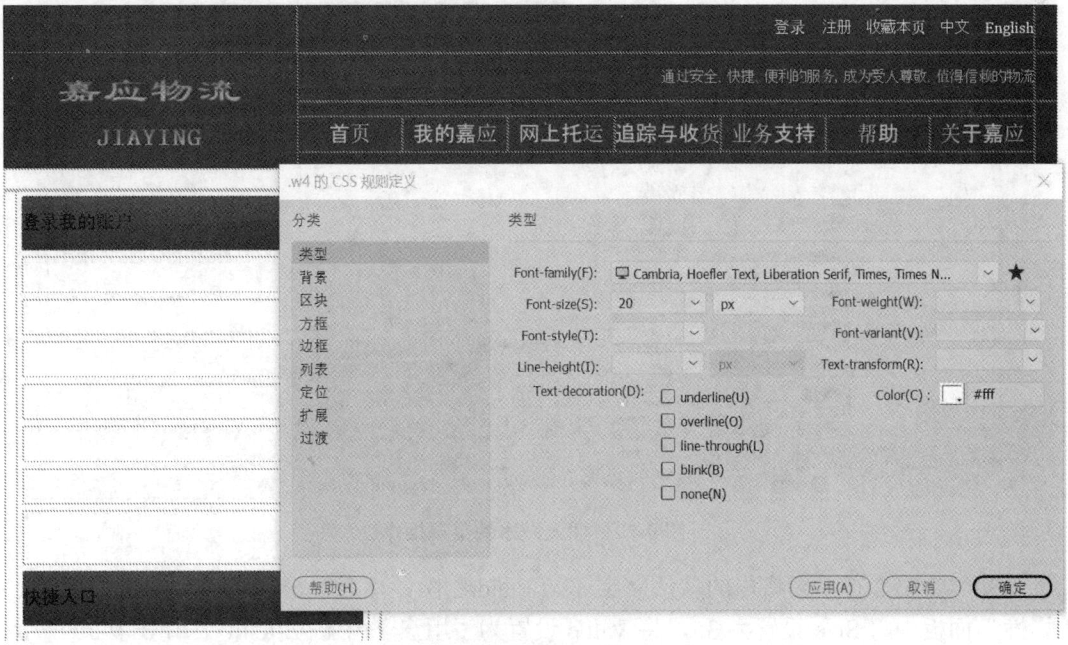

图 9-27　新建 CSS 规则

（28）单击"确定"按钮建立规则，选中刚输入的文字，在"属性"面板中选择 CSS 选项，将"目标规则"设置为 w4，如图 9-28 所示。

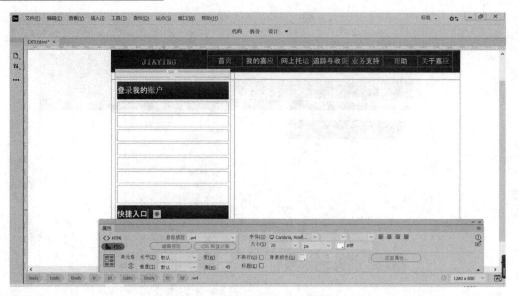

图 9-28　文字应用 CSS 规则

（29）选择第 2 行至第 8 行单元格，在"属性"面板中将"水平"设置为"居中对齐"，将"垂直"设置"居中"。将光标置于第 2 行单元格中，选择"插入"→"表单"→"文本"命令，如图 9-29 所示。

图 9-29　插入文本的菜单操作

（30）将第 2 行单元格内的默认文字 Text Field:删除，然后单击选中插入的文本控件，在"属性"面板中将 Size 设置为 35，将 Value 设置为"用户名/手机/E-mail"，如图 9-30 所示。

（31）使用同样的方法在第 3 行单元格中插入文本表单，效果如图 9-31 所示。

（32）将光标置于第 4 行单元格中，选择"插入"→"表单"→"复选框"命令，将文字更改为"记住用户名"，然后在该文字右侧输入文字"忘记密码"，效果如图 9-32 所示。

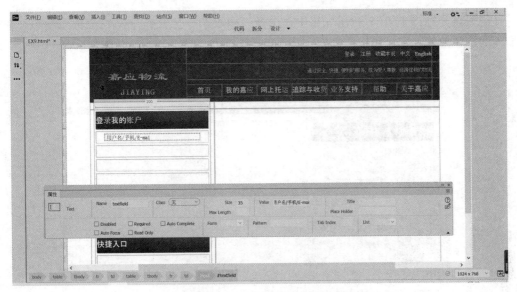

图 9-30 设置文本表单

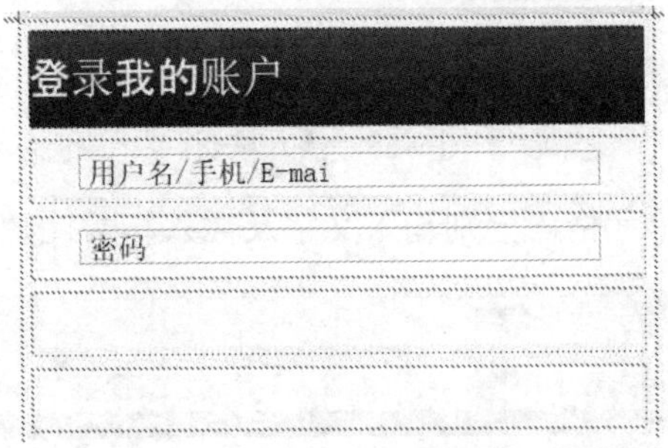

图 9-31 继续插入文本表单

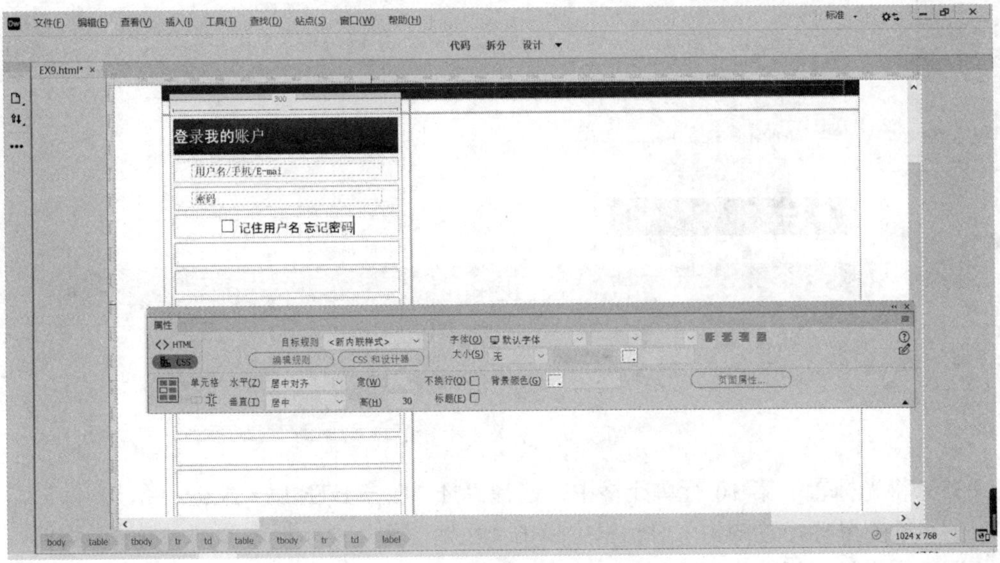

图 9-32 插入复选框

（33）将光标置于第 5 行单元格中，选择"插入"→"表单"→"按钮"命令，单击选中插入的按钮控件，在"属性"面板中将 Value 设置为"登　录"，效果如图 9-33 所示。

图 9-33　插入按钮

（34）在第 6～8 行的单元格内分别输入文字及插入相关图片，效果如图 9-34 所示。

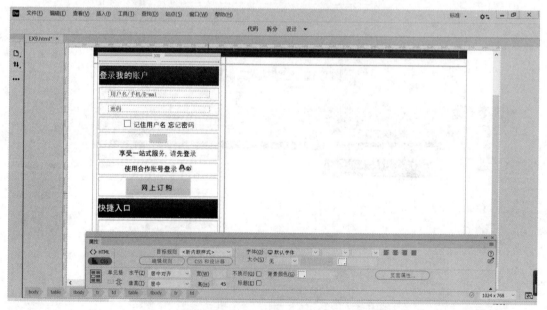

图 9-34　插入文字和图片

（35）将光标置于第 10 行单元格中，选择"插入"→HTML→"鼠标经过图像"命令，在弹出的"插入鼠标经过图像"对话框中单击"原始图像"文本框右侧的"浏览"按钮，在弹出的"原始图像"对话框中选择鼠标经过前的图像文件 L6.jpg，如图 9-35 所示。

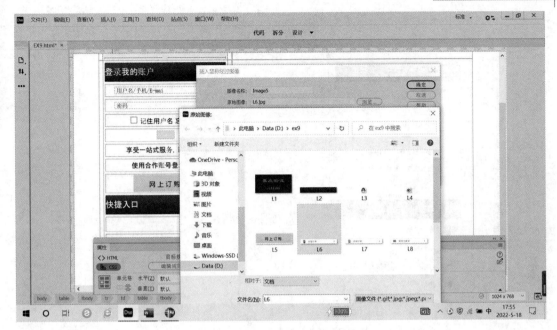

图 9-35　选择原始图像

（36）单击"鼠标经过图像"文本框右侧的"浏览"按钮，在弹出的"鼠标经过图像"对话框中选择鼠标经过后的图像文件 L7.jpg，如图 9-36 所示。

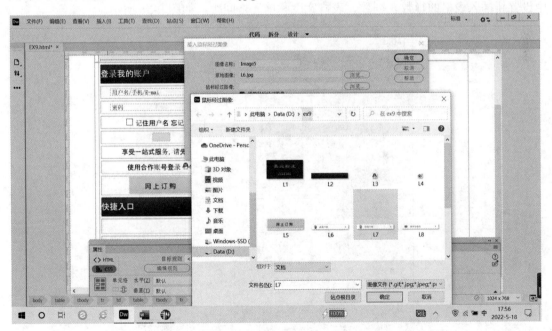

图 9-36　选择鼠标经过图像

（37）单击"确定"按钮回到"插入鼠标经过图像"对话框，再次单击"确定"按钮完成鼠标交换图像的制作。重复步骤（35）和步骤（36），为第 11～13 行单元格分别插入鼠标经过图像，效果如图 9-37 所示。

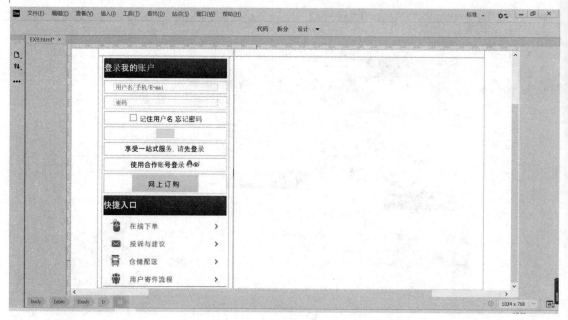

图 9-37 插入剩下的鼠标经过图像

（38）将光标置于大表格右侧的单元格中，在"属性"面板中将"水平"设置为"居中对齐"，将"垂直"设置为"居中"，然后选择"插入"→Table 命令，在弹出的 Table 对话框中设置新插入表格的行数、列数、表格宽度和单元格间距，如图 9-38 所示。

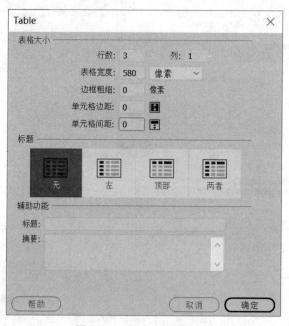

图 9-38 Table 对话框设置

（39）单击"确定"按钮插入表格，选择表格第 1 行并在"属性"面板中设置"宽"为580，"高"为200。选择"插入"→HTML→Flash SWF(F)命令，在弹出的"选择 SWF"对话框中选择实验文件夹 ex9 中的 SWF 素材 L14.swf，如图 9-39 所示。

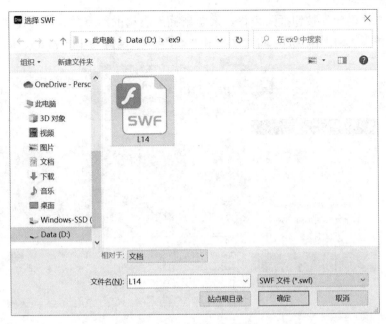

图 9-39 选择 SWF 素材

（40）单击"确定"按钮，在弹出的"对象标签辅助功能属性"对话框中保持默认设置，再单击"确定"按钮插入 swf 动画。选择表格第 2 行并在"属性"面板中设置"水平"为"居中对齐"，设置"垂直"为"居中"，然后选择"插入"→Table 命令，在弹出的 Table 对话框中设置新插入表格的行数、列数、表格宽度和单元格间距，如图 9-40 所示。

（41）单击"确定"按钮插入表格，将光标置于新插入表格的第 1 列单元格中，选择"插入"→Table 命令，在弹出的 Table 对话框中设置新插入表格的行数、列数和表格宽度，如图 9-41 所示。

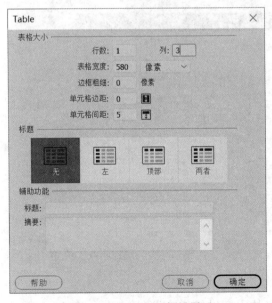

图 9-40 Table 对话框设置 1

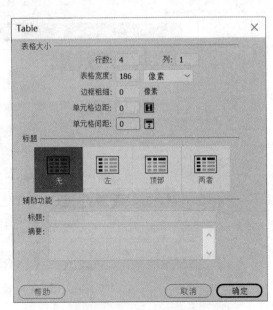

图 9-41 Table 对话框设置 2

（42）单击"确定"按钮插入表格，选定新插入表格的所有单元格，在"属性"面板中设置"背景颜色"为#EDEDED，将"宽"和"高"分别设置为186和38，如图9-42所示。

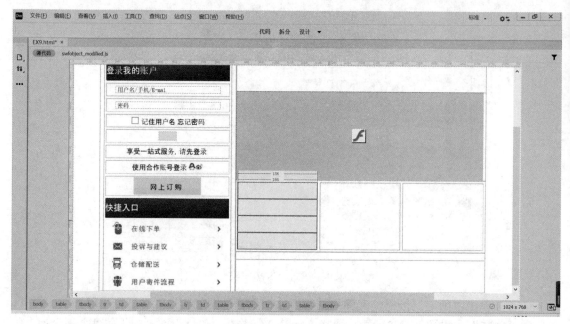

图9-42　设置单元格

（43）仿照步骤（22）至步骤（34），分别在4个单元格内设置背景图像、输入文字、插入文本表单、插入按钮，效果如图9-43所示。

图9-43　设置单元格内容

（44）用同样的操作对右侧剩下两个单元格的内容进行相应设置，效果如图9-44所示。

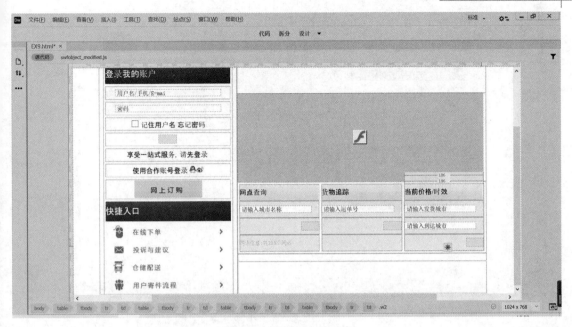

图 9-44　设置剩余单元格

（45）选择表格第 3 行并在"属性"面板中设置"宽"为 580，"高"为 168，将"水平"设置为"居中对齐"，将"垂直"设置为"居中"，然后选择"插入"→Table 命令，在弹出的 Table 对话框中设置新插入表格的行数、列数和表格宽度，如图 9-45 所示。

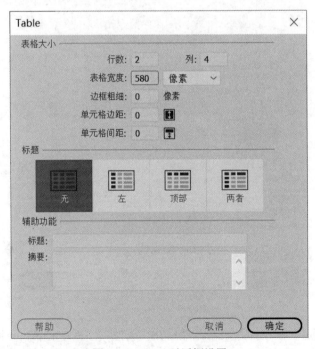

图 9-45　Table 对话框设置

（46）单击"确定"按钮插入表格，对单元格的行高、列宽、对齐方式进行设置，然后添加文字并应用 CSS 规则，效果如图 9-46 所示。

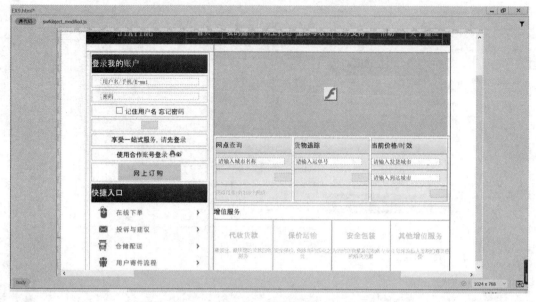

图 9-46 设置单元格

（47）将光标置于整个大表格的右侧，然后选择"插入"→Table 命令，在弹出的 Table 对话框中设置新插入表格的行数、列数和表格宽度，如图 9-48 所示。

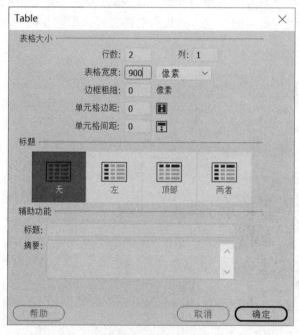

图 9-47 插入表格

（48）单击"确定"按钮插入表格，然后在"属性"面板中将 Align 设置为"居中对齐"，将单元格的高设置为 35，为表格设置背景颜色并在表格内输入文字，应用 CSS 样式，效果如图 9-48 所示。

（49）保存网页，按功能键 F12 在浏览器中预览，最终效果如图 9-49 所示。

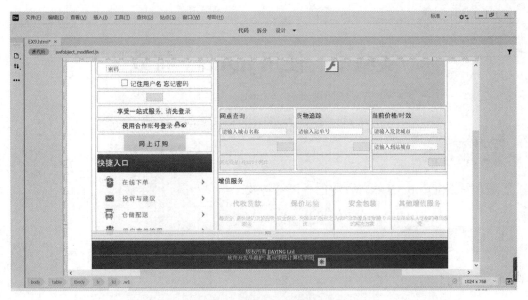

图 9-48　设置完成后的效果

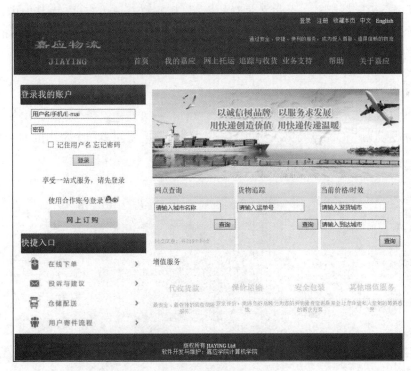

图 9-49　最终预览效果

 思考与练习

1. 本实验中使用了哪些表单控件？
2. 在网页中添加表单后，如何实现其功能？

实验十　使用 jQuery 特效

实验目的

了解和掌握 jQuery UI 小部件中的手风琴特效。

实验内容及步骤

一、手风琴特效

手风琴组件是由一系列内容框（内容容器）组成的组件，这些内容框在同一时刻只能有一个被打开。每个内容框都有一个与之关联的标题，用来打开该内容框，而其他内容框则隐藏。当单击某一个内容框的标题时将会展示内容框里的内容，如果再单击另一个内容框的标题，则当前内容框的内容会隐藏起来，而新的内容框的内容被展示出来。

二、实验步骤

（1）启动 Dreamweaver 2021 软件，选择"文件"→"新建"命令，在弹出的"新建文档"对话框中将标题设为"jQuery 特效"，然后单击"创建"按钮创建一个空白的 HTML 文件，如图 10-1 所示。

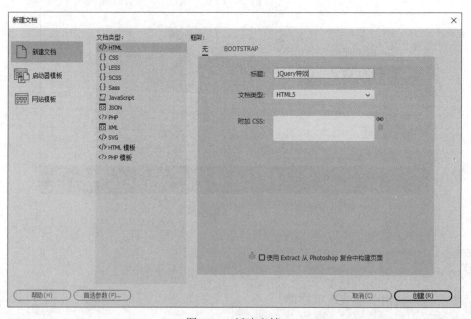

图 10-1　新建文档

（2）保存网页并命名为 jQuery.html。

（3）将光标定位在文档窗口中，输入文字"jQuery 特效：手风琴"，选中文字，然后选择"窗口"→"属性"命令打开"属性"面板，在其中选择 CSS 选项卡，将文字的排列样式设置为"居中对齐"。

（4）将光标定位在文字后面，按 Enter 键，然后选择"插入"→Div 命令插入表单，删除文字"此处显示新 Div 标签的内容"。

（5）将光标定位在表单内，然后选择"插入"→Table 命令插入表格，在弹出的 Table 对话框中设置表格的大小和标题，如图 10-2 所示。

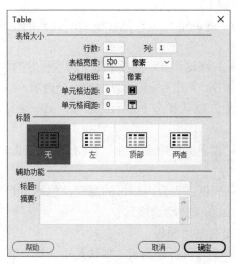

图 10-2 Table 对话框

（6）插入表格后，在表格的"属性"面板中将 Align 设置为"居中对齐"。

（7）将光标定位在单元格内，然后选择"插入"→jQuery UI→Accordion 命令在单元格里插入一个 Accordion 面板，如图 10-3 所示。

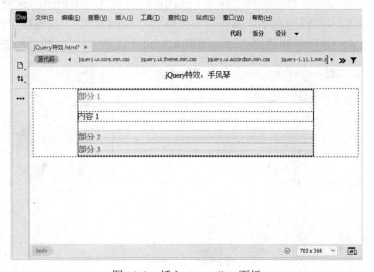

图 10-3 插入 Accordion 面板

（8）选中 Accordion 面板，然后选择"窗口"→"属性"命令打开"属性"面板，如图 10-4 所示。

图 10-4　Accordion 面板的属性

其中各选项的功能说明如下：

- ID 文本框：设置 Accordion 面板外包含框 Div 元素的 ID 属性值，以方便 JavaScript 脚本控制。
- "面板"下拉列表框：在这里显示面板中每个选项标题的名称，可以单击▲或▼按钮调整选项显示的先后顺序，单击＋按钮可以增加一个选项，单击－按钮可以减少一个选项。
- Active 文本框：设置在默认状态下显示的选项，第一个选项值为 0，第二个选项值为 1，以此类推。
- Event 下拉列表框：设置面板响应事件，有两个选项 click（鼠标单击）和 mouseover（鼠标经过）。
- Height Style 下拉列表框：设置内容框的高度，包括 fill（固定高度）、content（根据内容确定高度）和 auto（自动调整）。
- Disabled 复选项：是否禁用面板。
- Collapsible 复选项：是否可折叠面板。默认是不勾选，表示面板不可以折叠。如果勾选，则表示允许用户单击可以将已经选中的面板内容折叠起来。
- Animate 下拉列表框：设置面板隐藏和显示时的动画效果。
- Header 和 Active Header：设置面板标题栏的图标样式类和激活状态时的图标样式类。

（9）在 Accordion 面板的"属性"面板中勾选 Collapsible 复选项，其他设置保持不变。

（10）单击"拆分"按钮切换至"拆分"视图，在"设计"窗口中，选中文字"部分 1"，然后在"代码"窗口中将标题文字"部分 1"替换为"校园新闻"。按照以上操作，将标题文字"部分 2"和"部分 3"分别替换为"校园风光"和"联系方式"，效果如图 10-5 所示。

图 10-5　修改标题文字

（11）将光标定位在"内容1"后面，在"代码"窗口中把"内容1"改为"热点新闻"，然后将光标定位在标记</p>后并按 Enter 键，输入代码"<p>【头条新闻】</p>"，同样的方法，输入代码"<p>【图片新闻】</p>"，如图 10-6 所示。

图 10-6　增加"校园新闻"内容

（12）单击 Accordion 面板的左上角选中它，在"属性"面板的"面板"下拉列表框中选择"校园风光"，这时可以看到视图窗口中"校园新闻"内容框隐藏，而"校园风光"内容框打开，如图 10-7 所示。

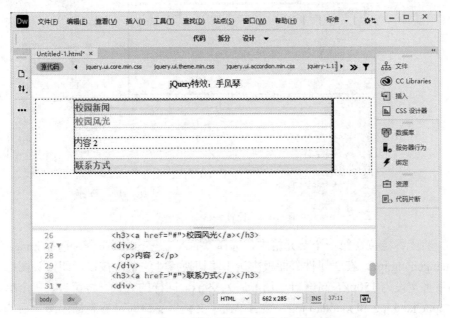

图 10-7　选择"校园风光"内容框

（13）将光标定位在"内容 2"后面，在"代码"窗口中把"内容 2"删除，选择"插入"→Table 命令，在弹出的 Table 对话框中设置表格大小和标题等属性（如图 10-8 所示），然后单击"确定"按钮插入一个表格。

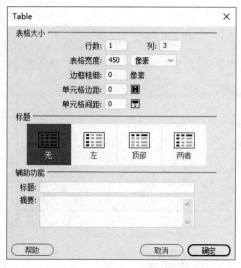

图 10-8　表格属性设置

（14）选中表格，在的"属性"面板中将 Align 设置为"居中对齐"，效果如图 10-9 所示。

图 10-9　设置表格对齐方式

（15）将光标定位在第一个单元格中，选择"插入"→Image 命令，选择 image 文件夹中的图片 guangchang.jpg，在"属性"面板中选中"切换尺寸约束"按钮，即锁头图标处于锁上状态，然后将宽设为 150px，高度自动调节后为 99px。同样的方式，将第二、三个单元格分别插入图片 qiuchang.jpg 和 xiaodao.jpg，然后单击"文档"窗口即可看到插入图片后的效果，如图 10-10 所示。

图 10-10 插入图片

（16）单击 Accordion 面板的左上角选中它，在"属性"面板的"面板"下拉列表框中选择"联系方式"，这时可以看到"视图"窗口中"校园新闻"和"校园风光"两个内容框都已隐藏起来，而"联系方式"内容框打开，如图 10-11 所示。

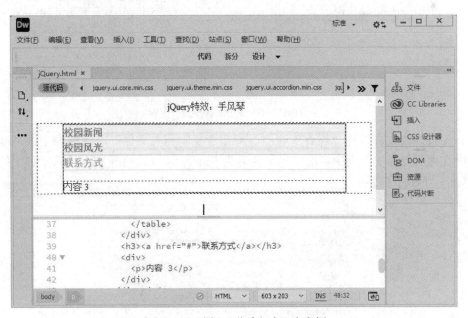

图 10-11 选择"联系方式"内容框

（17）将光标定位在"内容 3"后面，在"代码"窗口中，把"内容 3"删除并输入文字"电子邮箱："，然后选择"插入"→HTML→"电子邮件链接"命令，在弹出的"电子邮件链接"对话框中输入"文本"和"电子邮件"，单击"确定"按钮插入电子邮箱，如图 10-12 所示。

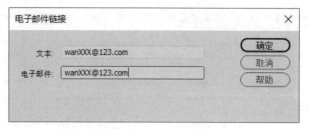

图 10-12 "电子邮件链接"对话框

（18）在"代码"视窗中将光标定位在"电子邮箱"行标记</p>后，按 Enter 键，输入代码"<p>联系电话：123456789</p>"，同样的方法输入代码"<p>学校地址：梅州市梅江区</p>"，如图 10-13 所示。

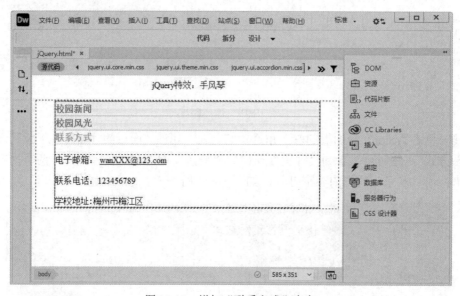

图 10-13 增加"联系方式"内容

（19）选择"文件"→"保存"命令，弹出"复制相关文件"对话框，单击"确定"按钮，这时在网页保存文件夹中多出了一个命名为 jQueryAssets 的文件夹，该文件夹不得删除，否则 jQuery 特效将不能执行。

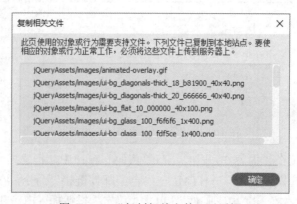

图 10-14 "复制相关文件"对话框

（20）按功能键 F12 预览网页，效果如图 10-15 所示。

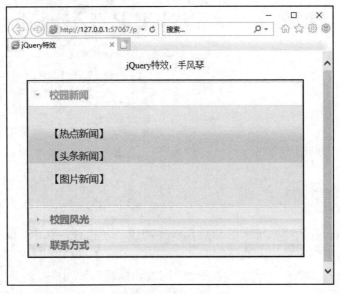

图 10-15 预览效果

 **思考与练习**

1. 本实验使用的 jQuery 特效的特点是什么？
2. 列举三个使用了手风琴特效的常见网站。

实验十一　设计报名登记网站

实验目的

了解和掌握动态网站中数据库的设计和连接。

实验内容及步骤

报名登记网站的数据库系统采用 SQL Server 2019，这里主要学习在 Dreamweaver 2021 软件中如何通过网页端将数据写入数据库。

（1）在 Dreamweaver 中新建一个页面，网页"标题"设为"报名登记"，单击"创建"按钮，如图 11-1 所示。

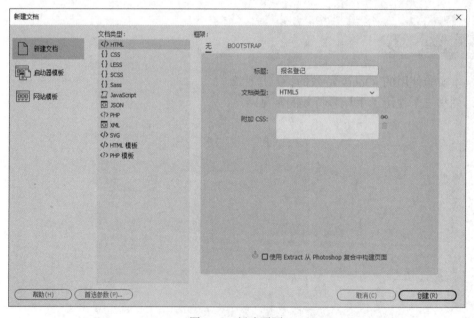

图 11-1　新建页面

（2）选择"文件"→"另存为"命令，在弹出的对话框中将保存路径设置为 D:\mysite，"文件"名设为 apply，"保存类型"设为 Active Server Pages(*.asp;*.asa)，然后单击"保存"按钮，如图 11-2 所示。

（3）在"代码"视图中的<body>标记后按 Enter 键，输入代码"<p>欢迎进入报名登记页面！</p>"，然后选中文字，在"属性"面板中将文字的排列方式设置为"居中对齐"，如图 11-3 所示。

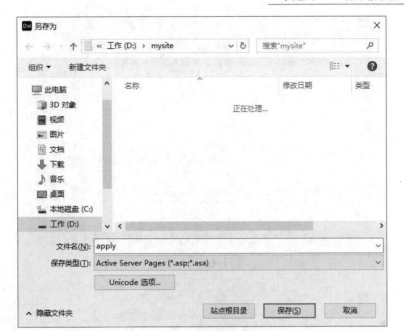

图 11-2　保存网页

图 11-3　输入文字并设置对齐方式

（4）将光标定位在文字"欢迎进入报名登记页面！"后并按 Enter 键，选择"插入"→"表单"→"表单"命令插入一选择个表单，如图 11-4 所示。

（5）将光标定位在表单内，选择"插入"→Table 命令，在弹出的 Table 对话框中将"行数"设为 6，"列"设为 2，"表格宽度"设为 400 像素，"边框粗细"设为 1 像素，"单元格边距"设为 6，"单元格间距"设为 0，"标题"设为"无"，然后单击"确定"按钮，如图 11-5 所示。

（6）选中表格，在"属性"面板中将 Align 设置为"居中对齐"，效果如图 11-6 所示。

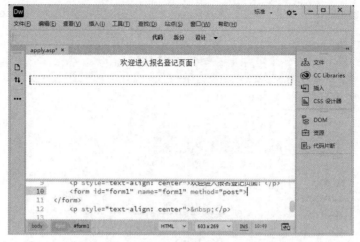

图 11-4 插入表单

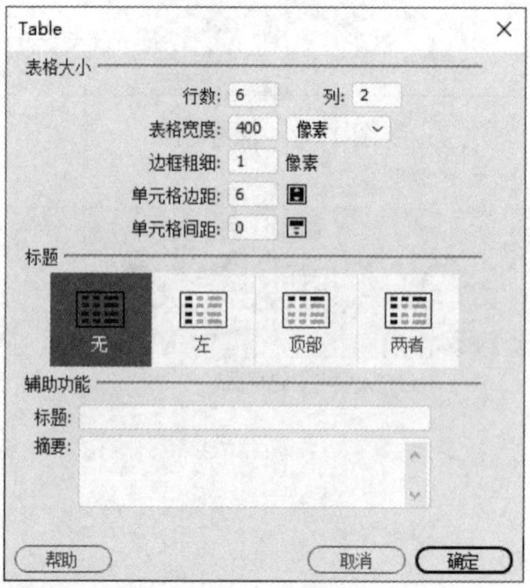

图 11-5 插入表格

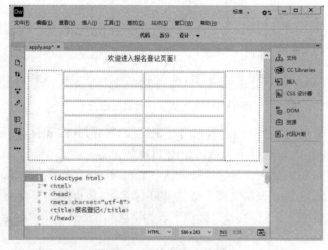

图 11-6 调整表格对齐方式

（7）在第 1 列第 1 行至第 5 行的单元格中分别输入文字"姓名："学院："年级："手机号码："电子邮箱："，选中刚才的 5 个单元格，在"属性"面板中，将单元格的对齐方式设置为"居中对齐"，并适当调整第 1 列的宽度，使其更加美观，然后合并第 6 行单元格，效果如图 11-7 所示。

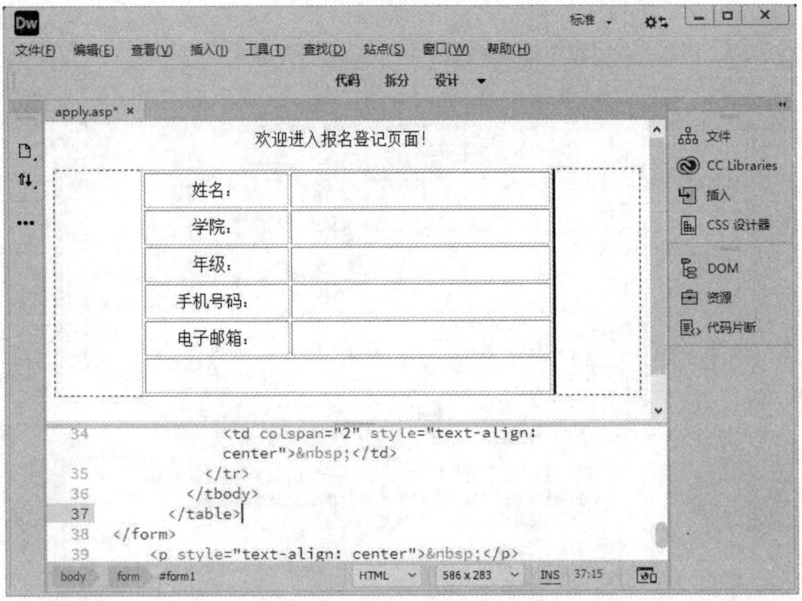

图 11-7　编辑单元格内容

（8）将光标定位在第 2 列第 1 行，选择"插入"→"表单"→"文本"命令插入文本框，选中 Text Field:并删除。以同样的方法在第 2 列的其他 4 行中也插入文本框并删除 Text Field:，效果如图 11-8 所示。

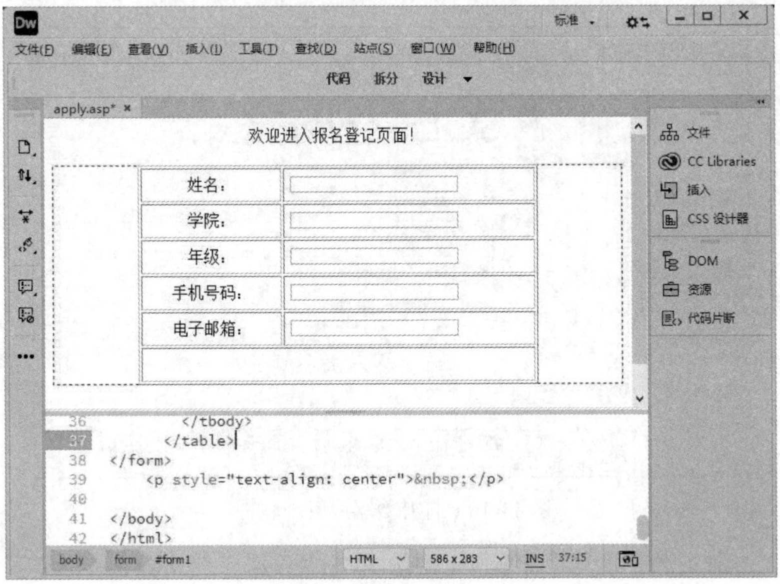

图 11-8　编辑报名内容

（9）将光标定位在第 6 行单元格中，选择"插入"→"表单"→"'提交'按钮"命令插入"提交"按钮，然后将光标定位在按钮后面，选择"插入"→"HTML"→"不换行空格"命令插入空格，以同样的方法再插入两个空格，然后选择"插入"→"表单"→"'重置'按钮"命令插入"重置"按钮，效果如图 11-9 所示。

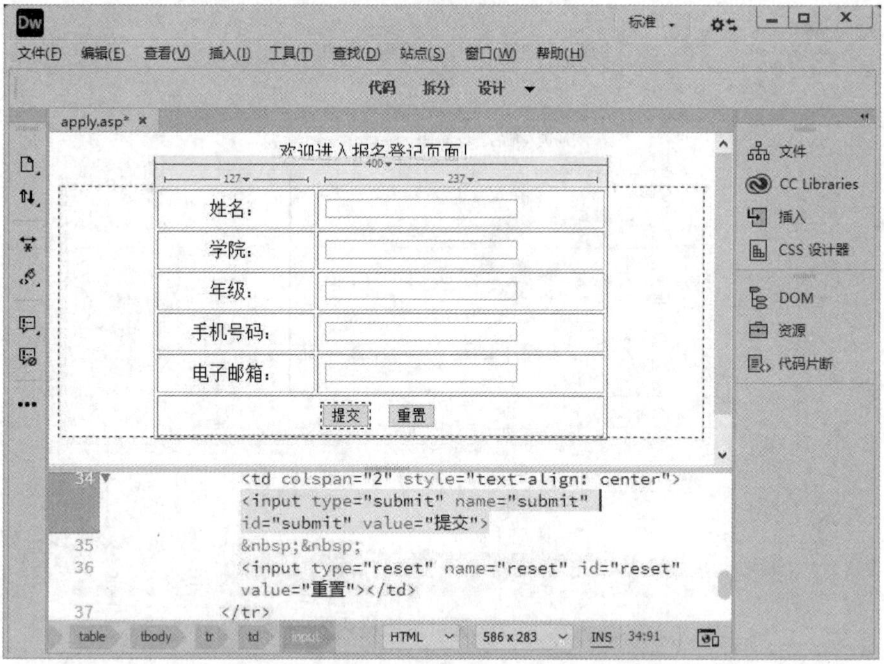

图 11-9　插入"提交"和"重置"按钮

（10）创建数据表。打开数据库管理软件 Microsoft SQL Server Management Studio 18，选择"Windows 身份验证"后单击"连接"按钮（如图 11-10 所示）进入数据库管理界面。

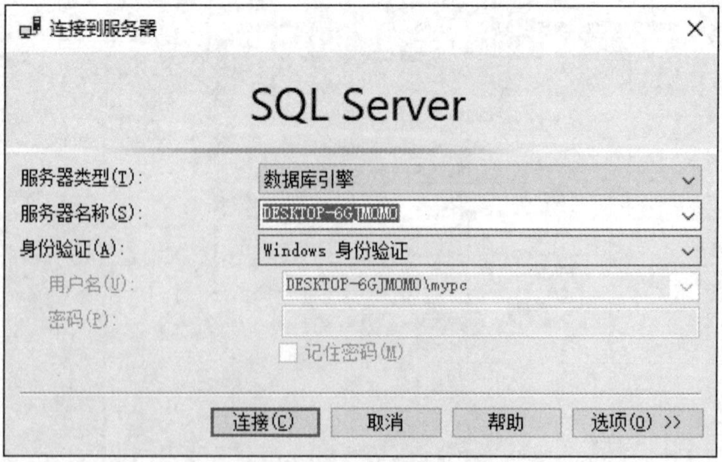

图 11-10　打开数据库管理软件

（11）在"对象资源管理器"面板中，依次单击"数据库"→mydata→"表"选项，右击"表"并选择"新建"→"表"选项新建一个数据表，如图 11-11 所示。

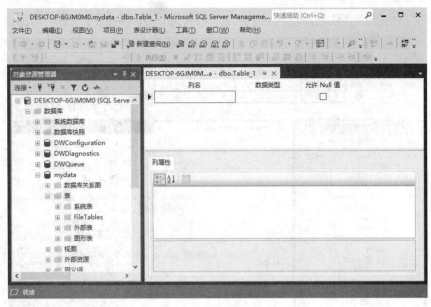

图 11-11 新建数据表

（12）在列名下面的第一个单元格中输入 id，在"列属性"中单击"标识规范"前的">"
符号，在下拉列表中将"（是标识）"的值选择为"是"，将数据类型选择为 int，取消勾选"允
许 Null 值"复选项，右击 id 行并选择"设置主键"选项，如图 11-12 所示。

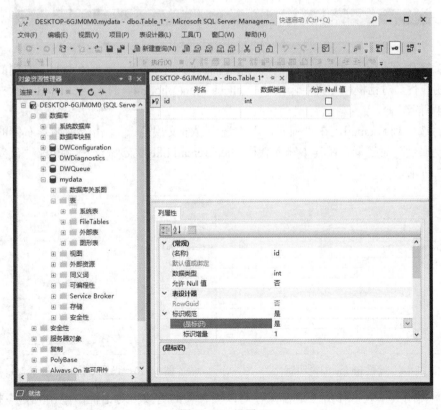

图 11-12 设置 id

（13）在 id 行下面，依次添加列名 xm、xy、nj、phone、email 并设置对应的"数据类型"和"允许 Null 值"属性，如图 11-13 所示。

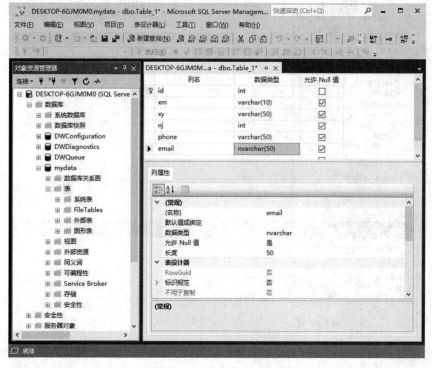

图 11-13　设置其他列名

（14）选中列名 phone，在"列属性"中选中"全文规范"，单击"说明"右侧的 ┅ 按钮，弹出"说明属性"对话框，在其中输入代码 check (len(phone) = 11)，然后单击"确定"按钮，如图 11-14 所示。

（15）选中列名 email，在"列属性"中选中"全文规范"，单击"说明"右侧的 ┅ 按钮，弹出"说明属性"对话框，在其中输入代码 check(email like '%@%')，然后单击"确定"按钮，如图 11-15 所示。

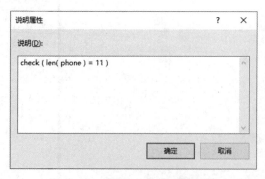
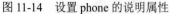

图 11-14　设置 phone 的说明属性

图 11-15　设置 email 的说明属性

（16）关闭数据表，弹出"是否保存对以下各项的更改"对话框，单击"是"按钮，如图 11-16 所示，在弹出的"选择名称"对话框的"输入表名称"文本框中输入表名 baoming_biao，然后单击"确定"，如图 11-17 所示。

图 11-16　保存数据表　　　　　　　　　　图 11-17　设置数据表名

（17）返回到 Dreamweaver 界面，选中"姓名"行的文本框，切换至"拆分"视图，在"代码"窗格中将该文本框的 name 和 id 值都设为 xm，这个值与数据库中 baoming_biao 表中的"列名"相对应。

（18）与上一步的方法相同，选中"学院"行的文本框，在"代码"窗格中将该文本框的 name 和 id 值都设为 xy；选中"年级"行的文本框，在"代码"窗格中将该文本框的 name 和 id 值都设为 nj；选中"手机号码"行的文本框，在"代码"窗格中将该文本框的 name 和 id 值都设为 phone；选中"电子邮箱"行的文本框，在"代码"窗格中将该文本框的 name 和 id 值都设为 email。

（19）连接数据库：参照配套主教材第 12 章内容设置连接数据库。

（20）选中表单 form，选择"窗口"→"绑定"命令打开"绑定"面板，在其中单击 按钮，在下拉列表中选择"记录集（查询）"选项，如图 11-18 所示。

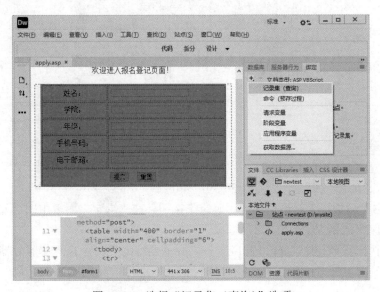

图 11-18　选择"记录集（查询）"选项

（21）弹出"记录集"对话框，"连接"设置为 conn，"表格"设置为 dbo.baoming_biao，其他选择保持默认，如图 11-19 所示。

图 11-19　"记录集"对话框设置

（22）单击"测试"按钮，弹出"测试 SQL 指令"对话框，如图 11-20 所示，表示添加记录集成功，单击"确定"按钮退出测试。

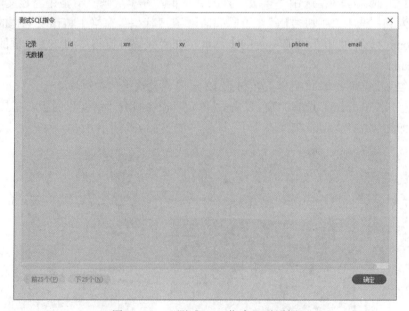

图 11-20　"测试 SQL 指令"对话框

（23）单击"记录集"对话框中的"确定"按钮，在"绑定"面板中即可看到添加的"记录集"，如图 11-21 所示。

（24）选中表单 form，选择"窗口"→"服务器行为"命令打开"服务器行为"面板，在其中单击 按钮，在下拉列表中选择"插入记录"选项，弹出"插入记录"对话框，如图 11-22 所示。

图 11-21 "绑定"面板

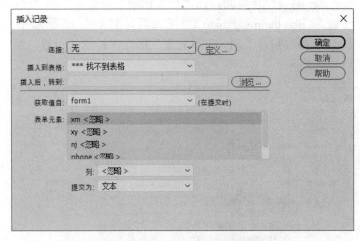

图 11-22 "插入记录"对话框

（25）新建一个 HTML 网页文档，"标题"设为"报名登记成功"，文件命名为 success.html，保存在 D:\mysite 目录下。在文档第一行输入文字"恭喜你，注册成功！"，选择"窗口"→"行为"命令打开"行为"面板，在其中单击 ➕ 按钮，在下拉列表中选择"调用 JavaScript"选项，在弹出的"调用 JavaScript"对话框输入代码 window.close()，单击"确定"按钮，如图 11-23 所示。

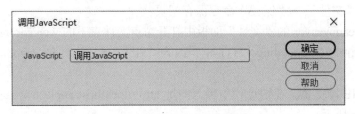

图 11-23 "调用 JavaScript"对话框

（26）在"行为"面板中为"调用 JavaScript"设置事件为 onLoad，如图 11-24 所示，关闭"行为"面板后选择"文件"→"保存"命令保存网页。

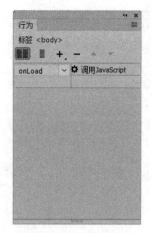

图 11-24　设置事件

（27）返回 apply.asp 网页设计界面，在"插入记录"对话框中将"连接"设置为 conn，"插入到表格"设置为 dbo.baoming_biao，"插入后，转到"设置为 D:\mysite 目录下的 success.html 网页文档，"获取指自"和"表单元素"属性保持默认设置，然后单击"确定"按钮插入记录，如图 11-25 所示。

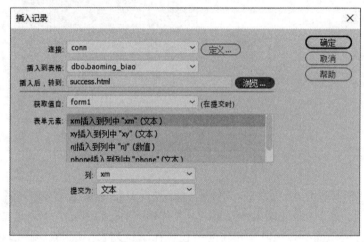

图 11-25　"插入记录"对话框

（28）在"代码"窗口中将代码<meta charset="utf-8">改为<meta charset="gb2312">。

（29）选择"文件"→"保存"命令保存网页。

（30）在 Dreamweaver 的"文件"面板中打开站点文件夹下的 web.config 文件，把其中的代码<?xml version="1.0" encoding="UTF-8"?>改为<?xml version="1.0" encoding="gb2312"?>，然后关闭该文件。

（31）打开 IE 浏览器，在地址栏中输入网址 http://localhost/apply.asp，进行网页测试，网页效果如图 11-26 所示。

（32）输入报名信息，单击"提交"按钮，如图 11-27 所示。

（33）单击"提交"按钮后打开 success.html 网页，出现如图 11-28 所示的提示框，说明网页测试成功。

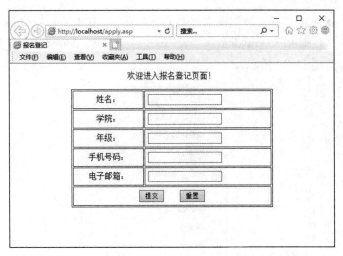

图 11-26 打开 apply.asp 网页

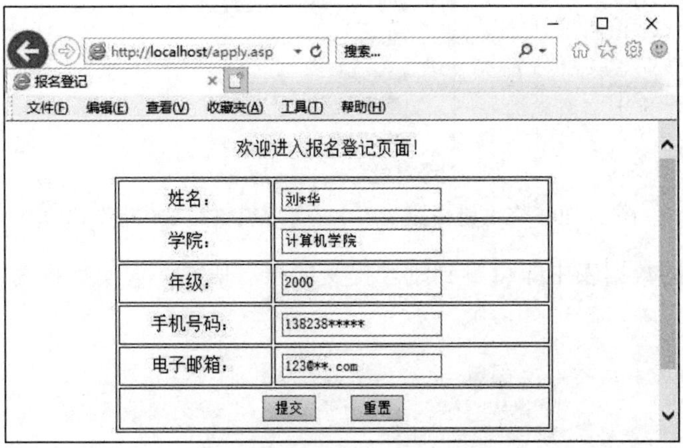

图 11-27 输入报名信息

图 11-28 success.html 网页

（34）根据步骤（10）打开数据库管理软件 Microsoft SQL Server Management Studio 18，在左侧选择窗格中"数据库"→mydata→"表"选项，右击表 dbo.baoming_biao 并选择"编辑前 200 行"选项，如图 11-29 所示。

图 11-29　在右键快捷菜单中选择"编辑前 200 行"选项

（35）在打开的数据表中即可看到刚才提交的报名信息，说明数据写入成功，如图 11-30 所示。

图 11-30　数据写入成功

实验十二 综合实例一

实验目的

运用 Dreamweaver 2021 制作网站。

一、设计"梅州旅游"网站

本实验详细介绍利用 Dreamweaver 2021 的模板等技术制作"梅州旅游"网站的具体方法，主要运用到模板、表格、Div+CSS 和滚动文本技术。本网站包含多个页面，这里集中介绍模板制作，在模板的基础上制作首页，实验最终效果如图 12-1 所示。

图 12-1 实例效果

二、实验步骤

（1）在 G:硬盘（任意一个盘）中新建一个文件夹，命名为 travel，在其中再新建一个文件夹，命名为 images，用于存放网站建设需要的图片。

（2）打开 Dreamweaver 2021 软件，选择"站点"→"新建"命令，弹出"站点设置对象"对话框，将"站点名称"设为 lvyou，将"本地站点夹"设为 G:\travel\，然后单击"保存"按钮，如图 12-2 所示。

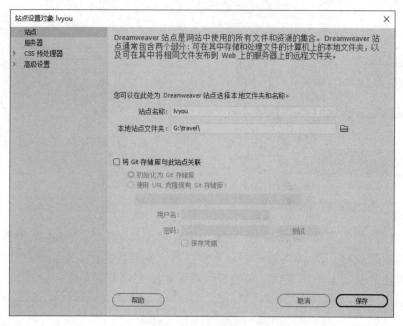

图 12-2　新建站点

（3）新建一个 HTML 模板，选择"文件"→"新建"命令，弹出"新建文档"对话框，将"文档类型"选择为"HTML 模板"，然后单击"创建"按钮，如图 12-3 所示。

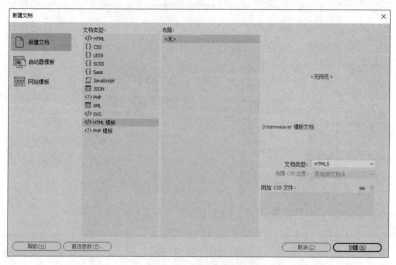

图 12-3　新建网页模板

（4）保存网页模板，选择"文件"→"保存"命令，弹出提示信息对话框，单击"确定"按钮，弹出"另存模板"对话框，将"另存为"设为 muban，然后单击"保存"按钮，如图 12-4 所示。

图 12-4　保存模板

（5）将光标定位在页面文档中，选择"插入"→Table 命令插入一个布局表格，表格设置如图 12-5 所示。

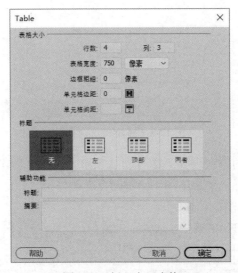

图 12-5　插入布局表格

（6）选中表格，在"属性"面板中将 Align 设为"居中对齐"，将 Cellpad 和 Cellspace 均设为 0，如图 12-6 所示。

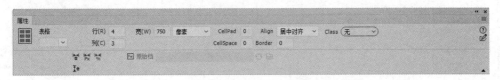

图 12-6　设置表格属性

（7）右击第一行单元格并选择"表格"→"合并单元格"选项，合并第一行单元格，设置单元格内容水平对齐方式为"居中对齐"，垂直对齐方式为"顶端"，如图 12-7 所示。

图 12-7　设置单元格内容对齐方式

（8）选择"插入"→Image 命令，在第一行单元格中插入 images 文件夹中的图片 top.jpg，如图 12-8 所示。

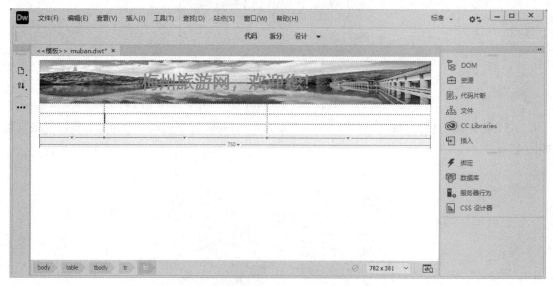

图 12-8　插入 top.jpg 图片

（9）根据步骤（7）的方法合并第 2 行的 3 列单元格，合并第 2 列的第 3 行和第 4 行合并第 3 列的第 3 行和第 4 行，效果如图 12-9 所示。

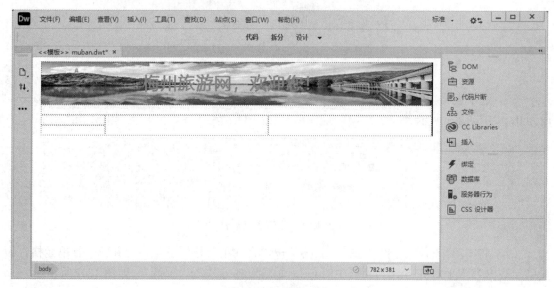

图 12-9　合并单元格

（10）将光标定位在第 2 行中，在"属性"面板中设置单元格内容水平对齐方式为"居中对齐"，垂直对齐方式为"顶端"，然后选择"插入"→Div 命令，在弹出的"插入 Div"对话框中的 ID 文本框中输入 menu，如图 12-10 所示。

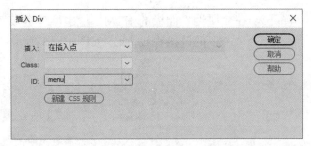

图 12-10 "插入 Div"对话框

（11）删除插入 Div 中的占位文本"此处显示 id "menu" 的内容"，输入文本"首页"，按 Enter 键后输入文本"景点"，按此方法依次输入文本"民俗""美食""特产"，效果如图 12-11 所示。

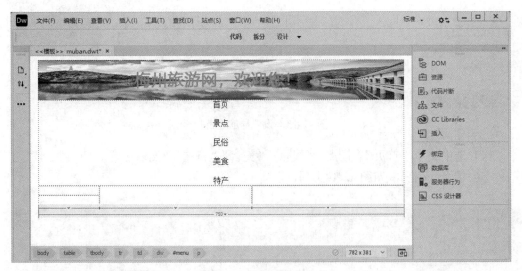

图 12-11 输入导航栏文本

（12）在"属性"面板中单击"页面属性"按钮，弹出"页面属性"对话框，在"分类"列表框中选择"链接（CSS）"，在右侧的"下划线样式"下列列表框中选择"仅在变换图像时显示下划线"，单击"确定"按钮，退出设置，设置如图 12-12 所示。

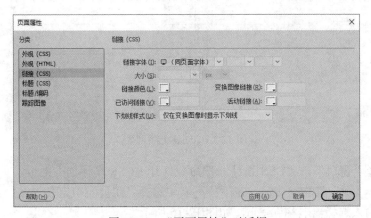

图 12-12 "页面属性"对话框

（13）选择文本"首页"，在"属性"面板的 HTML 栏中将"链接"设为#。用同样的方法将"景点""民俗""美食""特产"的链接也设为#，如图 12-13 所示。

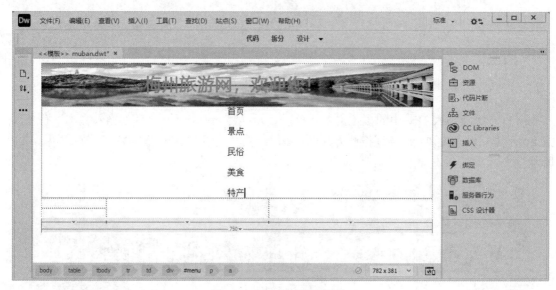

图 12-13　设置导航栏链接

（14）选中文本"首页""景点""民俗""美食""特产"，然后选择"插入"→"无序列表"命令创建无序列表，如图 12-14 所示。

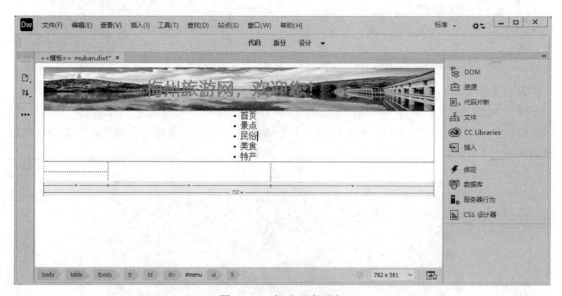

图 12-14　创建无序列表

（15）选择"窗口"→"CSS 设计器"命令打开"CSS 设计器"面板，如图 12-15 所示。

（16）单击"源"前的 ✚ 按钮，在下拉列表中选择"在页面中定义"，然后单击"选择器"前的 ✚ 按钮，输入选择器名称#menu，如图 12-16 所示。

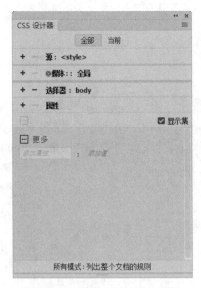

图 12-15　"CSS 设计器"面板　　　　图 12-16　添加选择器

（17）在"选择器"下拉列表中选择#menu，取消勾选"属性"面板中的"显示集"复选项，单击"布局"按钮，将"宽度（width）"设为748px，"高度（height）"设为40px，"边距的速记"设为0；切换至"边框"选项卡，将边框的"宽度（width）"设为1px，边框的"样式（style）"设为 solid，边框的"颜色（color）"设为#737171；切换至"背景"选项卡，将"背景颜色（background-color）"设为#EFD002。设置后，选择器#menu 定义的规则代码如下：

```
#menu {
    width: 748px;
    height: 40px;
    margin: 0;
    border: 1px solid #737171;
    background-color: #EFD002;
}
```

（18）继续添加选择器，单击"选择器"前的 ➕ 按钮，输入选择器名称#menu ul，在该选择器的属性列表中单击"文字"按钮，将"列表项目标记类型（list-style-type）"设为 none，"边距的速记（margin）"设为0，"填充的速记（padding）"设为0。设置后，选择器#menu ul 定义的规则代码如下：

```
#menu ul {
    list-style: none;
    margin: 0;
    padding: 0;
}
```

（19）继续添加选择器，单击"选择器"前的 ➕ 按钮，输入选择器名称#menu ul li，在该选择器的属性列表中将"浮动（float）"设置为 left；在"布局"选项卡中，将"宽度（width）"设为100px，"高度（height）"设为40px，"左页面边距（margin-left）"设为40px。设置后，选择器#menu ul li 定义的规则代码如下：

```
#menu ul li {
    float: left;
}
```

```
padding-left: 0px;
margin-left: 40px;
width: 100px;
height: 40px;
}
```

20）继续添加选择器，单击"选择器"前的 ➕ 按钮，输入选择器名称#menu ul li a，在该选择器的属性列表中将"宽度（width）"设为100px，"高度（height）"设为40px，"显示（display）"设为block，"行高（line-height）"设为40px，"文本对齐方式（text-align）"设为center。设置后，选择器#menu ul li a 定义的规则代码如下：

```
#menu ul li a {
width: 100px;
height: 40px;
display: block;
line-height: 40px;
text-align: center;
}
```

此时页面效果如图 12-17 所示。

图 12-17　设置导航栏外观和布局

（21）继续添加选择器，单击"选择器"前的 ➕ 按钮，输入选择器名称#menu ul li a:hover，在该选择器的属性列表中将"显示（display）"设为block，"背景颜色（background-color）"设为#F7B102。设置后，选择器#menu ul li a:hover 定义的规则代码如下：

```
#menu ul li a:hover {
display: block;
background-color: #F7B102;
}
```

（22）切换至"代码"视图，在导航菜单代码中添加二级导航菜单，输入代码后效果如图 12-18 所示。

1）在代码<a href="#">景点</a>后按 Enter 键，输入以下代码：

```
<ul>
<li><a href="#">叶剑英故居</a></li>
```

```
<li><a href="#">客家博物馆</a></li>
<li><a href="#">雁南飞茶田</a></li>
    <li><a href="#">客天下景区</a></li>
</ul>
```

2）在代码<a href="#">民俗</a>后按 Enter 键，输入以下代码：

```
<ul>
<li><a href="#">客家山歌</a></li>
<li><a href="#">广东汉剧</a></li>
</ul>
```

3）在代码<a href="#">美食</a>后按 Enter 键，输入以下代码：

```
<ul>
<li><a href="#">盐焗鸡</a></li>
<li><a href="#">酿豆腐</a></li>
</ul>
```

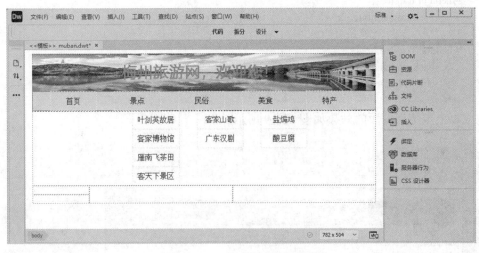

图 12-18　二级导航栏页面效果

（23）通过创建 CSS 定义二级菜单的外观和呈现方式，单击"选择器"前的 ✚ 按钮，输入选择器名称#menu ul li ul li，在该选择器的属性列表中将"浮动（float）"设置为 none；在"布局"选项卡中将"宽度（width）"设为 100px，"背景颜色（background-color）"设为　#F0F702。设置后，选择器#menu ul li ul li 定义的规则代码如下：

```
#menu ul li ul li {
    float: none;
    width: 100px;
    margin: 0;
    background-color: #EEEEEE;
}
```

（24）继续添加选择器，单击"选择器"前的 ✚ 按钮，输入选择器名称#menu ul li ul，在该选择器属性列表的"布局"选项卡中将"显示（display）"设为 none，"布局的定位方法（position）"设为 absolute；在"边框"选项卡中，将"边框宽度（width）"设为 1px，"边框的样式（style）"设为 solid，"边框颜色（color）"设为#CDF903。设置后，选择器#menu ul li ul 定义的规则代码如下：

```
#menu ul li ul {
    display: none;
        border: 1px solid #CDF903;
        position: absolute;
}
```

（25）继续添加选择器，单击"选择器"前的 **+** 按钮，输入选择器名称#menu ul li:hover ul，在该选择器属性列表的"布局"选项卡中将"显示（display）"设为 block。设置后，选择器 #menu ul li:hover ul 定义的规则代码如下：

```
#menu ul li:hover ul {
    display: block;
}
```

（26）通过代码指定二级菜单的链接样式和鼠标滑过二级菜单的样式，方法为：切换至"代码"视图，将下面的代码直接添加在步骤（25）的代码后面。

```
#menu ul li ul li a {
    background:none;
}
#menu ul li ul li a:hover {
    background:#B8B6B6;
    color:#ffffff;
}
```

完成以上步骤后页面的效果如图 12-19 所示。

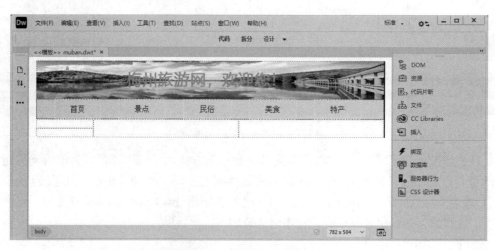

图 12-19　导航栏页面效果

（27）选择"文件"→"保存"命令保存网页文件，按功能键 F12 预览网页效果，如图 12-20 所示。

（28）选中"首页"下面的两行单元格，在"属性"面板中，将"表格宽度"设为 160，"水平"设为"左对齐"，"垂直"设为"顶端"。将光标定位在第一个单元格中，选择"插入"→Table 命令，弹出 Table 对话框，设置表格参数如图 12-21 所示。

（29）在插入的表格中将光标定位在第一个单元格中，选择"插入"→Image 命令，插入 images 文件夹中的图片 l1.jpg，用同样的方法在第 2 行和第 3 行单元格中插入图片 l2.jpg 和 l3.jpg，然后手动调整布局表格，效果如图 12-22 所示。

图 12-20　导航栏预览效果

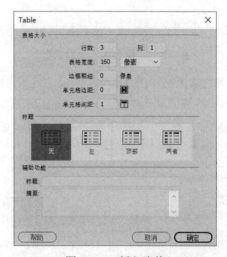

图 12-21　插入表格

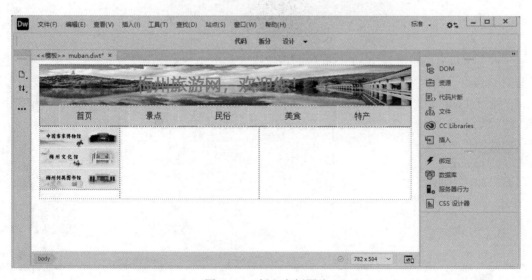

图 12-22　插入左侧图片

（30）将光标定位在第 1 列的最后一个单元格中，选择"插入"→Image 命令，插入 images 文件夹中的图片 haoke.jpg，效果如图 12-23 所示。

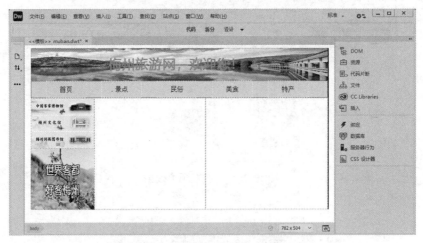

图 12-23　插入图片后的效果

（31）选中最后一行中间的单元格，在"属性"面板中设置"背景颜色"为#DEF5F9，"单元格宽度"为 450，内容的水平对齐方式为"左对齐"，垂直对齐方式为"顶端"。选择"插入"→"模板"→"可编辑区域"命令，弹出"新建可编辑区域"对话框，将名称修改为 zhengwen，然后单击"确定"按钮插入可编辑区域，如图 12-24 所示。

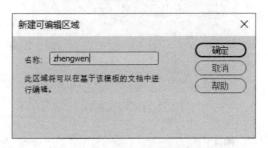

图 12-24　插入可编辑区域

（32）删除可编辑区域 zhengwen 中的占位文本，在"CSS 设计器"面板中选中"所有源"下面的<style>，然后在"选择器"窗格中添加选择器#content，在该选择器的属性列表的布局中将"宽度（width）"设为 430px，"填充的速记（padding）"设为 10px；在"文本"选项卡中将"文字大小（font-size）"设为 12px，"行高（line-height）"设为 150%。设置后，选择器#content 定义的规则代码如下：

```
#content {
    padding: 10px;
    width: 430px;
    font-size: 12px;
    line-height: 150%;
}
```

（33）选择"插入"→Div 命令，弹出 Div 对话框，在其中将 ID 设为 content，然后单击"确定"按钮，如图 12-25 所示。

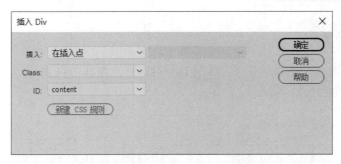

图 12-25 "插入 Div"对话框

（34）将光标定位在最后一列单元格中，在"属性"面板中设置单元格内容的水平对齐方式为"居中对齐"，垂直对齐方式为"顶端"，然后选择"插入"→Table 命令，在弹出的 Table 对话框中设置表格参数，如图 12-26 所示。

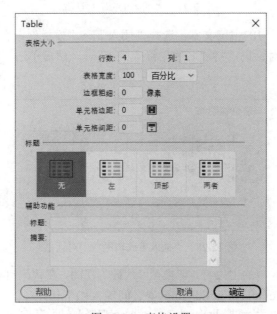

图 12-26 表格设置

（35）将光标定位在插入的表格的第一个单元格中，选择"插入"→Image 命令，插入 images 文件夹中的图片 rmjd.jpg。选中第二个单元格，在"属性"面板中，将单元格的高度设为 130，切换至"代码"视图，将鼠标定位在该单元格代码<td height="130">的 td 后面，输入 background，单击"浏览"按钮，在 images 文件夹中选择图片 bjt.jpg。

（36）将光标定位在插入的表格的第一个单元格中，打开"CSS 设计器"面板，在"源"窗格中选择<style>，在"选择器"窗格中添加选择器#xinwen，在该选择器的属性列表的"布局"选项卡中将"宽度（width）"设为 130px，"高度（height）"设为 130px，"边距的速记（margin）"设为 4px；在"文本"选项卡中将"文字大小（font-size）"设为 10px。设置后，选择器#xinwen 定义的规则代码如下：

```
#xinwen {
    width: 130px;
    height: 130px;
```

```
font-size: 10px;
margin: 4px;
}
```

（37）选择"插入"→Div 命令，弹出 Div 对话框，在其中将 ID 设为 xinwen，然后单击"确定"按钮，如图 12-27 所示。

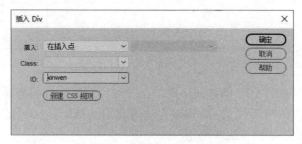

图 12-27 "插入 Div"对话框

（38）删除 div 标签中的占位文本，选择"插入"→"模板"→"可编辑区域"命令，弹出"新建可编辑区域"对话框，将"名称"修改为 news，然后单击"确定"按钮插入可编辑区域，如图 12-28 所示。

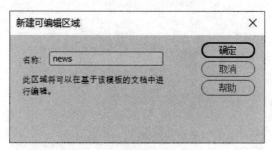

图 12-28 "插入可编辑区域"对话框

（39）删除可编辑区域的占位符，切换至"代码"视图，在代码<!-- TemplateBeginEditable name="news" -->和<!-- TemplateEndEditable -->之间输入以下代码：

```
<marquee behavior="scroll" direction="up" hspace="30" height="100" vspace="10" scrollamount="2" scrolldelay="80" >
<p class="centerstyle">叶剑英故居</p>
<p class="centerstyle">客家博物馆</p>
<p class="centerstyle">客天下景区</p>
<p class="centerstyle">平远五指石</p>
</marquee>
```

（40）在"代码"视图中，将代码<div id="xinwen" >改为<div id="xinwen" align="center">。

（41）打开"CSS 设计器"面板，在"源"窗格中选择<style>，在"选择器"窗格中添加选择器.centerstyle（注意，这里使用的是类选择器，使用"."符号来定义类），在该选择器属性列表的"布局"选项卡中将"文字排列方式（text-align）"设为"居中对齐"。设置后，选择器.centerstyle 定义的规则代码如下：

```
.centerstyle {
    text-align: center;
}
```

（42）分别将光标定位在在第三个和第四个单元格中，选择"插入"→Image 命令，依次插入 images 文件夹中的图片 mz.jpg 和 phone.jpg，效果如图 12-29 所示。

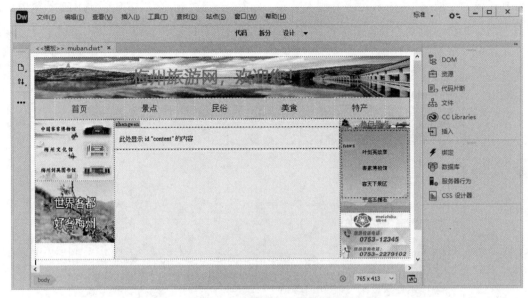

图 12-29 完成右侧后的页面效果

（43）在整个表格的右侧按 Shift+Enter 组合键进行强制换行，将光标定位在换行的位置，然后选择"插入"→HTML→"水平线"命令，在其"属性"面板中将宽度设为 750 像素，对齐方式设为"居中对齐"，勾选"阴影"复选项。

（44）在水平线下面选择"插入"→Table 命令，在弹出的对话框中设置表格参数，如图 12-30 所示。

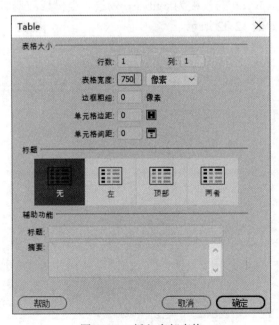

图 12-30 插入底部表格

（45）在表格"属性"面板中将表格的对齐方式设为"居中对齐"。

（46）单击单元格，在单元格"属性"面板中将单元格内容水平方式设为"居中对齐"，垂直方式设为"顶端"。在单元格中输入版权、邮箱等信息，保存后按功能键 F12 预览效果，如图 12-31 所示。

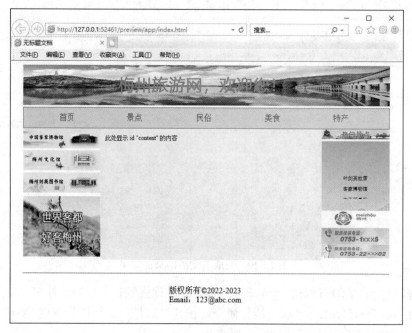

图 12-31　页面预览效果

（47）制作网站首页。选择"文件"→"新建"命令，在弹出的对话框中选择"网站模板"，站点为 lvyou，站点 lvyou 的模板为 muban，勾选"当模板改变时更新页面"复选项，然后单击"创建"按钮，如图 12-32 所示。

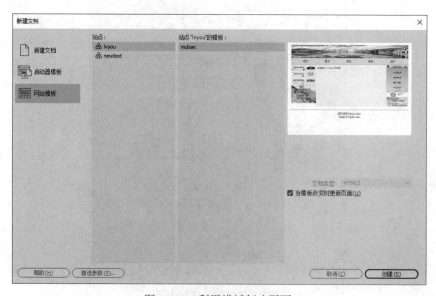

图 12-32　利用模板创建页面

（48）在页面"属性"模板中单击"页面属性"按钮，单击在"页面属性"对话框，在"分类"列表框中选择"标题/编码"，修改标题为"梅州旅游"，如图12-33所示。

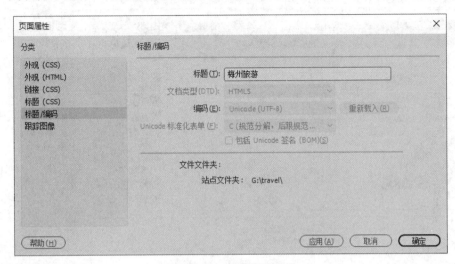

图12-33 修改页面标题

（49）选择"文件"→"保存"命令将页面文件保存为index.html网页文件；删除正文可编辑区域的占位符，选择"插入"→Table命令，在弹出的Table对话框中设置表格参数，如图12-34所示。

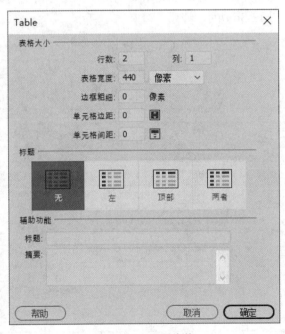

图12-34 设置表格

（50）在表格"属性"面板中将表格对齐方式设为"居中对齐"。单击单元格，在"属性"面板中将单元格内容水平对齐方式设为"居中对齐"，垂直方式设为"顶端"，然后将光标定位在第一个单元格中，选择"插入"→Image命令，插入图片mzgk.jpg，如图12-35所示。

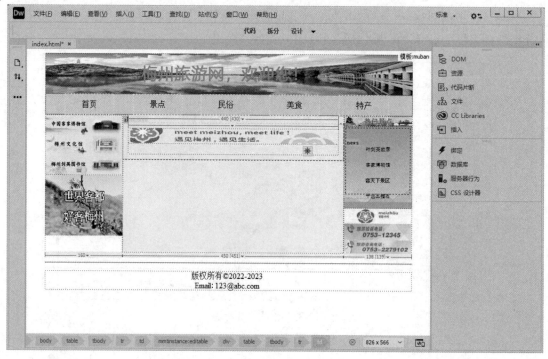

图 12-35 插入正文图片

（51）在第二个单元格中输入文本"梅州概况"中的文字并进行适当排版，切换至"实时视图"浏览网页，如图 12-36 所示。

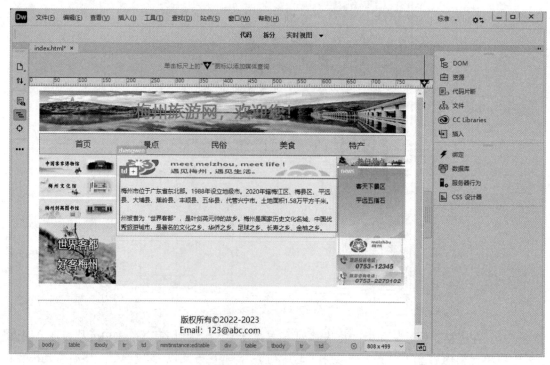

图 12-36 输入正文文字

（52）选择"文件"→"保存"命令保存网页，按功能键 F12 预览网页效果，如图 12-37 所示。

图 12-37　首页预览效果

其他页面的制作方法与首页的相同，这里不再赘述。

思考与练习

1．在综合设计网页时，首先应考虑哪些问题？
2．使用模版时要注意什么？

实验十三　综合实例二

实验目的

1. 掌握如何制作一个图片首页网页。
2. 学习和掌握如何在网页中使用 Div 对象。

实验内容及步骤

（1）启动 Dreamweaver 2021 软件，选择"文件"→"新建"命令，通过弹出的"新建文档"对话框创建一个空白的 HTML 文件，保存为 ex13.html，然后在"属性"面板中选择 CSS 选项，单击"页面属性"按钮，在弹出的"页面属性"对话框中选择"外观（CSS）"选项，将"左边距""右边距""上边距"和"下边距"都设置为 0，如图 13-1 所示。

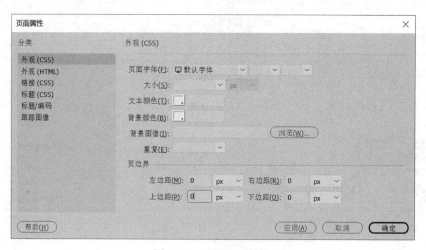

图 13-1　设置页面属性

（2）单击"确定"按钮完成属性设置，然后单击网页编辑窗口右下角的"桌面电脑大小"按钮，选择"插入"→Table 命令，在弹出的 Table 对话框中设置新插入表格的行数、列数、表格宽度、边框粗细、单元格边距和单元格间距，如图 13-2 所示。

（3）单击"确定"按钮插入表格，然后将光标置于第 1 列单元格内，在"属性"面板中将"水平"设置为"右对齐"，将"垂直"设置为"底部"，将"宽"设置为 20%，将"高"设置为 45，将"背景颜色"设置为#0066FF，如图 13-3 所示。

（4）在第 1 列单元格中输入文字"畅游黑蚂蚁欢乐谷"，选定文字，在"属性"面板中将"字体"设置为微软雅黑，将"大小"设置为 18，将"字体颜色"设置为#FFF，如图 13-4 所示。设置完成后的效果如图 13-5 所示。

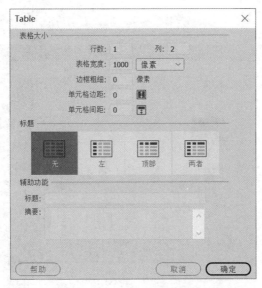

图 13-2　Table 对话框设置

图 13-3　设置单元格

图 13-4　设置文字属性

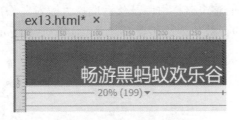

图 13-5　文字效果

（5）将光标置于第 2 列单元格内，在"属性"面板中将"水平"设置为"右对齐"，将"垂直"设置为"底部"，将"宽"设置为80%，将"背景颜色"设置为#0066FF。

（6）选择"插入"→Image 命令，在弹出的"选择图像源文件"对话框中选择实验文件夹 ex10 中的素材文件 2.png，如图 13-6 所示。

（7）单击"确定"按钮插入图片，然后在"属性"面板中将图片的宽和高都设置为22，如图 13-7 所示。

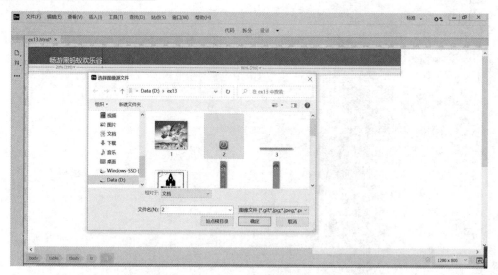

图 13-6　插入图片

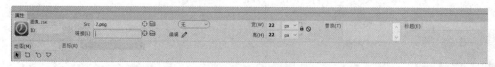

图 13-7　设置图片属性

（8）将光标置于新插入素材图片的右侧，输入文字"开放时间 8:00－22:00"，然后在"属性"面板中将"字体"设置为"微软雅黑"，将"大小"设置为 18，将"字体颜色"设置为#FFF，完成后的效果如图 13-8 所示。

图 13-8　输入文字并设置

（9）将光标置于做好的整个表格右侧，然后选择"插入"→Table 命令，在弹出的 Table 对话框中设置新插入表格的行数、列数和表格宽度，如图 13-9 所示。

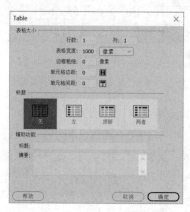

图 13-9　Table 对话框设置

（10）单击"确定"按钮插入表格，然后在"属性"面板中将"高"设置为 824，然后选择"插入"→Image 命令，在弹出的"选择图像源文件"对话框中选择实验文件夹 ex10 中的素材文件 1.png，单击"确定"按钮插入图片，效果如图 13-10 所示。

图 13-10　插入素材图片

（11）选择"插入"→Div 命令，在弹出的"插入 Div"对话框中进行设置，如图 13-11 所示。

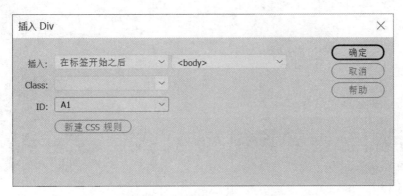

图 13-11　"插入 Div"对话框

（12）单击"新建 CSS 规则"按钮，保持"新建 CSS 规则"对话框中的默认设置，单击"确定"按钮，在弹出的"CSS 规则定义"对话框中将"定位"中的 Position 设置为 absolute，如图 13-12 所示。

（13）单击"确定"按钮返回"插入 Div"对话框，再单击"确定"按钮。单击创建的 Div 边框选定 Div，在"属性"面板中将"左""上""宽""高"分别设置为 50px、43px、900px、50px，然后单击"背景图像"右侧的"浏览文件"按钮，在弹出的"选择图像源文件"对话框中选择实验文件夹 ex10 中的素材文件 3.png，单击"确定"按钮插入图片，效果如图 13-13 所示。

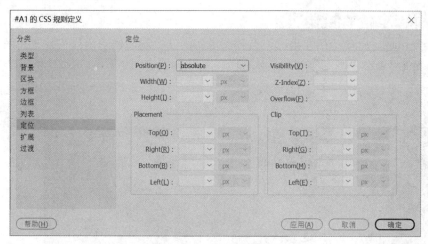

图 13-12　设置 CSS 规则

图 13-13　设置 Div 属性后的效果

（14）将光标置于 Div 中，将默认的文字删除，选择"插入"→Table 命令，在弹出的 Table 对话框中设置新插入表格的行数、列数和表格宽度，如图 13-14 所示。

（15）单击"确定"按钮插入表格，然后选中所有单元格，在"属性"面板中将"水平"设置为"居中对齐"，将"宽"设置为 150，将"高"设置为 50，如图 13-15 所示。

（16）在新创建的表格中输入文字"欢乐之族""主题活动""黑蚂蚁谷""在线预定""游客服务""欢乐空间"，然后在"属性"面板中将"字体"设置为"微软雅黑"，将"大小"设置为 18，将"字体颜色"设置为#FFF，完成后的效果如图 13-16 所示。

图 13-14 插入表格

图 13-15 设置表格属性

图 13-16 输入文字并设置属性

（17）选择"插入"→Div 命令，在弹出的"插入 Div"对话框中进行设置，如图 13-17 所示。

图 13-17 "插入 Div"对话框

（18）单击"新建 CSS 规则"按钮，保持"新建 CSS 规则"对话框中的默认设置，然后单击"确定"按钮，再在弹出的"CSS 规则定义"对话框中将"定位"中的 Position 设置为 absolute，如图 13-18 所示。

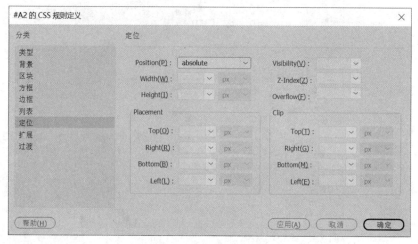

图 13-18　设置 CSS 规则

（19）单击"确定"按钮返回"插入 Div"对话框，再单击"确定"按钮。单击创建的 Div 边框选定 Div，在"属性"面板中将"左""上""宽""高"分别设置为 43px、93px、191px、138px，效果如图 13-19 所示。

图 13-19　设置 Div 属性后的效果

（20）将光标置于 Div 中，将默认的文字删除，选择"插入"→Image 命令，在弹出的"选择图像源文件"对话框中选择实验文件夹 ex10 中的素材文件 4.png，单击"确定"按钮插入图片，效果如图 13-20 所示。

图 13-20　插入图片

（21）重复步骤（17）至步骤（19）再次插入一个 Div 并命名为 A3，在"属性"面板中将"左""上""宽""高"分别设置为 0px、303px、45px、230px，然后在 Div 中插入实验文件夹 ex10 中的素材图片文件 5.png，效果如图 13-21 所示。

图 13-21　插入 Div 并设置属性后的效果

（22）重复步骤（17）至步骤（19），再次插入一个 Div 并命名为 A4，在"属性"面板中将"左""上""宽""高"分别设置为 953px、303px、45px、230px，效果如图 13-22 所示。

图 13-22　插入 Div 并设置属性后的效果

（23）将光标置于新插入的 Div 中，将默认的文字删除，然后选择"插入"→Table 命令，在弹出的 Table 对话框中设置新插入表格的行数、列数和表格宽度，如图 13-23 所示。

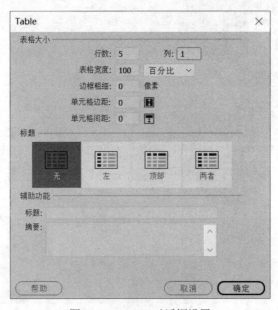

图 13-23　Table 对话框设置

（24）单击"确定"按钮插入表格，然后单击创建的 Div 边框选定 Div，在"属性"面板中单击"背景图像"右侧的"浏览文件"按钮，在弹出的"选择图像源文件"对话框中选择实验文件夹 ex10 中的素材文件 6.png，单击"确定"按钮插入图片，效果如图 13-24 所示。

图 13-24　插入背景图片

（25）将光标定位于新创建表格的第 1 行单元格内，在"属性"面板中将"高"设置为56，然后选择其他行的单元格，在"属性"面板中将"水平"设置为"居中对齐"，将"高"设置为 45，效果如图 13-25 所示。

图 13-25　设置表格

（26）将光标置于表格第 2 行单元格内，选择"插入"→Image 命令，在弹出的"选择图像源文件"对话框中选择实验文件夹 ex13 中的素材文件 7.png，单击"确定"按钮插入图片，效果如图 13-26 所示。

图 13-26   插入图片

（27）使用同样的操作在其他 3 个单元格中分别插入实验文件夹 ex13 中的素材图片 8.png、9.png、10.png，效果如图 13-27 所示。

图 13-27   插入图片

（28）重复步骤（17）至步骤（19），再次插入一个 Div 并命名为 A5，在"属性"面板中将"左""上""宽""高"分别设置为 0px、799px、1000px、70px，将"背景颜色"设置为#241E42，效果如图 13-28 所示。

图 13-28 插入 Div 并设置属性后的效果

（29）将光标置于上一步创建的 Div 中并删除默认文字，然后选择"插入"→Table 命令，在弹出的 Table 对话框中设置新插入表格的行数、列数和表格宽度，如图 13-29 所示。

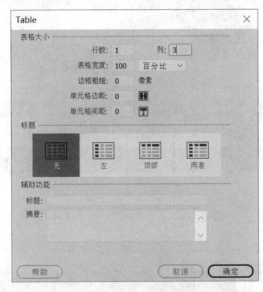

图 13-29 Table 对话框设置

（30）单击"确定"按钮插入表格，将光标置于第 1 列单元格中，然后在"属性"面板中将"水平"设置为"居中对齐"，将"宽"设置为 166，将"高"设置为 70，如图 13-30 所示。

图 13-30 设置单元格

（31）选择"插入"→Image 命令，在弹出的"选择图像源文件"对话框中选择实验文件夹 ex13 中的素材文件 14.png，单击"确定"按钮插入图片，效果如图 13-31 所示。

图 13-31　插入图片

（32）将光标置于第 2 列单元格中，右击并选择"表格"→"拆分单元格"选项，如图 13-32 所示。

图 13-32　"拆分单元格"菜单

（33）在弹出的"拆分单元格"对话框中，将单元格拆分成 3 行，如图 13-33 所示。

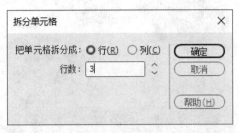

图 13-33 拆分单元格

（34）单击"确定"按钮拆分单元格，然后选择刚拆分的 3 行单元格，在"属性"面板中将"水平"设置为"居中对齐"，将"宽"设置为 467，将"高"设置为 23，如图 13-34 所示。

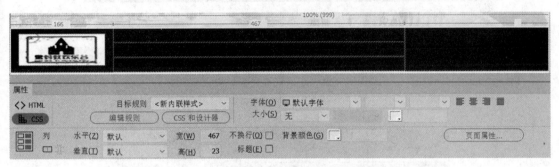

图 13-34 设置单元格

（35）在单元格中输入文字，然后在"属性"面板中将"字体"设置为"微软雅黑"，将"大小"设置为 14，将"字体颜色"设置为#FFF，效果如图 13-35 所示。

图 13-35 输入文字并设置

（36）将光标置于第 3 列单元格中，在"属性"面板中将"水平"设置为"居中对齐"，选择"插入"→"图像"→"图像"命令，在弹出的"选择图像源文件"对话框中选择实验文件夹 ex10 中的素材文件 15.png，单击"确定"按钮插入图片，效果如图 13-36 所示。

（37）在新插入的素材图片右侧输入若干空格，然后重复步骤（36）将实验文件夹 ex13 中的素材图片 16.png 和 17.png 依次插入到单元格内，效果如图 13-37 所示。

（38）重复步骤（17）至步骤（19），再次插入一个 Div 并命名为 A6，在"属性"面板中将"左""上""宽""高"分别设置为 10px、758px、350px、39px，然后单击"背景图像"右侧的"浏览文件"按钮，在弹出的"选择图像源文件"对话框中选择实验文件夹 ex13 中的素材文件 11.png，单击"确定"按钮插入图片，效果如图 13-38 所示。

（39）将光标置于上一步新建的 A6，删除默认文字，然后选择"插入"→Table 命令，在弹出的 Table 对话框中设置新插入表格的行数、列数和表格宽度，如图 13-39 所示。

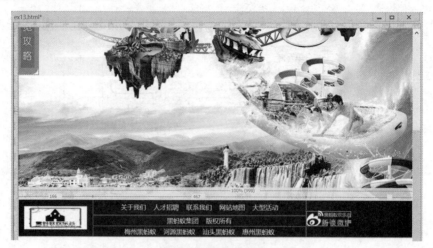

图 13-36　插入图片

图 13-37　插入图片

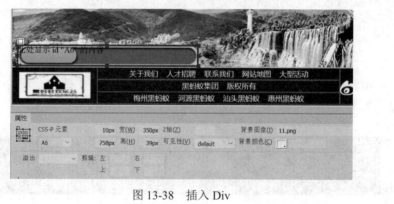

图 13-38　插入 Div

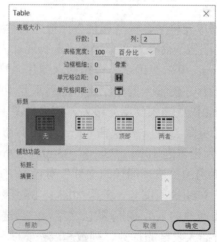

图 13-39　插入表格

（40）单击"确定"按钮插入表格，将光标置于新插入表格的第 1 列单元格中，在"属性"面板中将"水平"设置为"居中对齐"，将"宽"设置为 120，将"高"设置为 39，如图 13-40 所示。

图 13-40　设置单元格

（41）在单元格内输入文字"蚂蚁公告"，选定输入的文字，在"属性"面板中将"字体"设置为"微软雅黑"，"大小"设置为 18，字体颜色设置为#012E20，效果如图 13-41 所示。

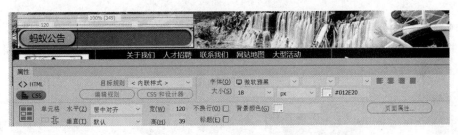

图 13-41　输入文字并设置属性

（42）使用同样的方法在第 2 列单元格中输入文字"全民共享暑期优惠"，然后在"属性"面板中将"字体"设置为"微软雅黑"，"大小"设置为 18，"字体颜色"设置为#FFF，效果如图 13-42 所示。

图 13-42　输入文字并设置属性

（43）重复步骤（17）至步骤（19），再次插入一个 Div 并命名为 A7，在"属性"面板中将"左""上""宽""高"分别设置为 395px、755px、274px、44px，如图 13-43 所示。

图 13-43　插入 Div

（44）单击"属性"面板中"背景图像"右侧的"浏览文件"按钮，在弹出的"选择图像源文件"对话框中选择实验文件夹 ex13 中的素材文件 12.png，单击"确定"按钮插入图片，效果如图 13-44 所示。

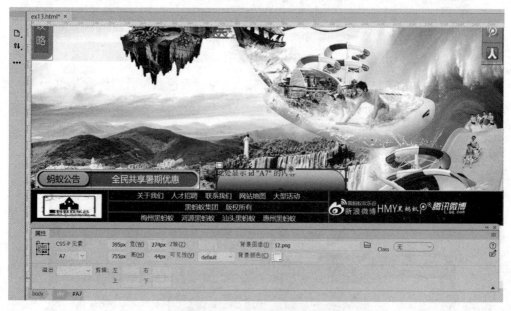

图 13-44　设置 Div 背景图像

（45）将光标置于上一步创建的 A7 内，删除默认文字，然后选择"插入"→Table 命令，在弹出的 Table 对话框中设置新插入表格的行数、列数和表格宽度，如图 13-45 所示。

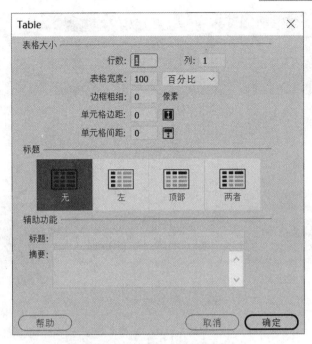

图 13-45　Table 对话框设置

（46）单击"确定"按钮插入表格，然后将光标置于表格内，在"属性"面板中将"水平"设置为"居中对齐"，将"高"设置为 40，设置完成后在表格内输入文字"精彩热点"，并在"属性"面板中将"字体"设置为"微软雅黑"，"大小"设置为 18，"字体颜色"设置为#012E20，效果如图 13-46 所示。

图 13-46　输入文字并设置

（47）重复步骤（17）至步骤（19），再次插入一个 Div 并命名为 A8，在"属性"面板中将"左""上""宽""高"分别设置为 710px、757px、267px、41px，如图 13-47 所示。

（48）单击"属性"面板中"背景图像"右侧的"浏览文件"按钮，在弹出的"选择图像源文件"对话框中选择实验文件夹 ex13 中的素材文件 13.png，单击"确定"按钮插入图片，效果如图 13-48 所示。

图 13-47　插入 Div

图 13-48　设置 Div 背景图像

（49）将光标置于上一步创建的 A8 内，删除默认文字，然后选择"插入"→Table 命令，在弹出的 Table 对话框中，设置新插入表格的行数、列数和表格宽度，如图 13-49 所示。

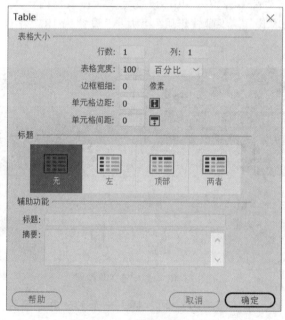

图 13-49　Table 对话框设置

（50）单击"确定"按钮插入表格，将光标置于表格内，在"属性"面板中将"水平"设置为"居中对齐"，将"高"设置为 40，设置完成后在表格内输入文字"网友信箱"，并在"属性"面板中将"字体"设置为"微软雅黑"，"大小"设置为 16，"字体颜色"设置为#FFF，效果如图 13-50 所示。

图 13-50　输入文字并设置

（51）保存网页，然后在浏览器中预览，最终效果如图 13-51 所示。

图 13-51　网页最终浏览效果

思考与练习

1. 本实验中为什么不使用 CSS 规则设置文字，两种设置方法有什么优劣？
2. 本实验为什么要使用 Div，在网页设计时 Div 一般用于什么场合？
3. Div 对象可以作为超链接的起点吗？
4. 若继续完成以本实验为首页的网站还需要哪些网页？

实验十四　综合实例三

掌握使用 Div+CSS 布局网站的方法。

一、建立网站和网页

（1）启动 Dreamweaver 2021 软件，选择"站点"→"新建站点"命令，弹出"站点设置对象"对话框，在其中设置"站点名称"为"葡萄酒网站"，"站点文件夹"为 D:\ex14，如图 14-1 所示，单击"保存"按钮创建站点。

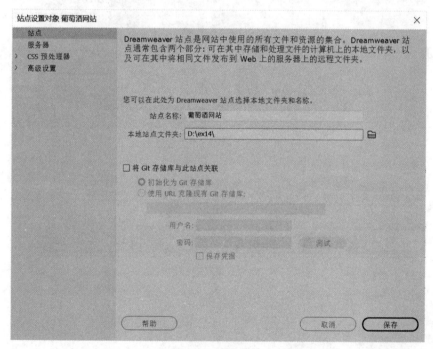

图 14-1　建立站点

（2）选择"文件"→"新建"命令，在弹出的"新建文档"对话框中选择"文档类型"为 HTML，"网页标题"设置为"企业网站"，如图 14-2 所示，单击"创建"按钮创建一个空白网页，选择"文件"→"保存"命令，把网页保存为 index.html。

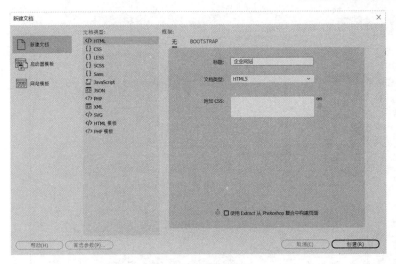

图 14-2　新建网页

二、创建外部 CSS 样式表文件

（1）创建两个外部 CSS 样式表文件：选择"文件"→"新建"命令，在弹出的"新建文档"对话框中选择"文档类型"为 CSS，如图 14-3 所示，单击"创建"按钮创建一个空白的 CSS 文件，选择"文件"→"保存"命令，弹出"另存为"对话框，在"文件名"文本框中输入 CSS.CSS，单击"保存"按钮。依此方法创建另一个样式表文件 div.CSS。

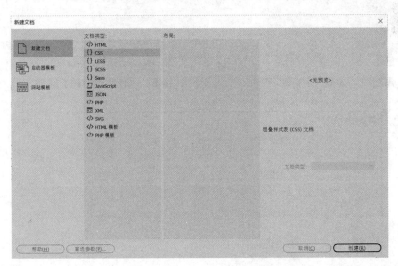

图 14-3　"新建文档"对话框

（2）回到 index.html 页面，选择"窗口"→"CSS 设计器"命令打开"CSS 设计器"面板，单击"添加源"按钮，在下拉列表中选择"附加现有的 CSS 文件"（如图 14-5 所示），弹出"使用现有的 CSS 文件"对话框（如图 14-6 所示），单击"浏览"按钮，弹出"选择样式表文件"对话框，选中 CSS.CSS 文件，如图 14-7 所示，单击"确定"按钮返回"使用现有的 CSS 文件"对话框，单击"确定"按钮把 CSS.CSS 文件附加到 index.html 网页中。依此方法附加另一个外部样式表文件 div.CSS。

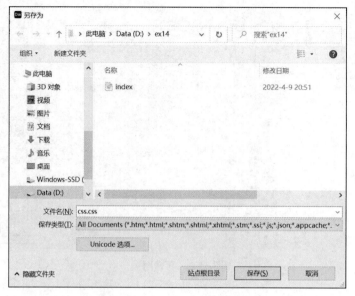

图 14-4　"另存为"对话框

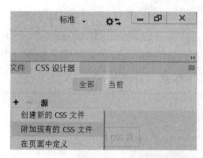

图 14-5　"添加源"按钮的下拉列表

图 14-6　"使用现有的 CSS 文件"对话框

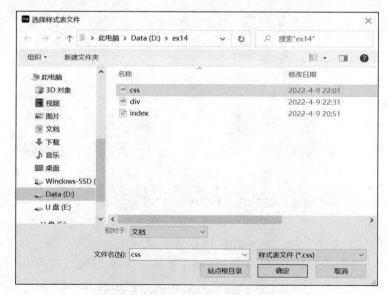

图 14-7　"选择样式表文件"对话框

（3）切换到 CSS.CSS 文件中，创建一个名称为 body 的规则，代码如图 14-8 所示。再创建一个名称为*的规则，代码如图 14-9 所示。

```
body{
    background-image:url(images/182-01.gif);
    background-repeat:repeat;
    font-size:12px;
    color:#ce0924;
}
```

图 14-8　body 标签的 CSS 代码

```
*{
    margin:0px;
    padding:0px;
    border-top-width:0px;
    border-right-width:0px;
    border-bottom-width:0px;
    border-left-width:0px;
}
```

图 14-9　*标签的 CSS 代码

三、制作顶部网页

（1）返回到 index.html 网页，选择"插入"→Div 命令，弹出"插入 Div"对话框，在 ID 组合框中输入 box，如图 14-10 所示，单击"确定"按钮。

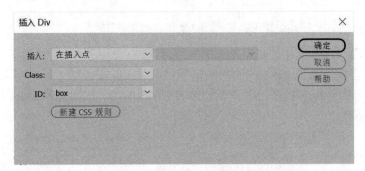

图 14-10　"插入 Div"对话框

（2）切换到 div.CSS 文件，创建一个名称为#box 的 CSS 规则，代码如图 14-11 所示。返回 index.html 页面查看效果，如图 14-12 所示。

```
#box {
    height: 1133px;
    width: 800px;
    margin-right: auto;
    margin-left: auto;
    background-color: #FFF;
    }
```

图 14-11　box 层的 CSS 代码

图 14-12　设置 box 层后的页面效果

（3）将光标置于 box 层中，删除里面的文字，选择"插入"→Div 命令，弹出"插入 Div"对话框，在 ID 组合框中输入 top，单击"确定"按钮，在 box 层中插入 top 层。切换到 div.CSS 文件，创建一个名称为#top 的 CSS 规则，代码如图 14-13 所示。返回 index.html 页面查看效果，如图 14-14 所示。

```
#top {
    height: 27px;
    width: 482px;
    background-image: url(images/182-02.gif);
    background-repeat: no-repeat;
    background-color:#FFF;
    padding-left: 318px;
    padding-top: 42px;
}
```

图 14-13　top 层的 CSS 代码

中国干红葡萄酒有限公司
CHINA GREAT WALL WINE CO.,LTD.　此处显示 id "top" 的内容

图 14-14　设置 top 层后的页面效果

（4）将光标置于 top 层中，删除里面的文字，选择"插入"→Div 命令，弹出"插入 Div"对话框，在 ID 组合框中输入 top-1，单击"确定"按钮，在 top 层中插入 top-1 层。切换到 div.CSS 文件，创建一个名称为#top-1 的 CSS 规则，如图 14-15 所示。代码返回 index.html 页面查看效果，如图 14-16 所示。

```
#top-1 {
    height: 20px;
    width: 455px;
    color: #373737;
    background-image: url(images/182-03.gif);
    background-repeat: no-repeat;
    padding-top: 7px;
    padding-left: 27px;
}
```

图 14-15　top-1 层的 CSS 代码

图 14-16　设置 top-1 层后的页面效果

（5）将光标置于 top-1 层中，删除里面的文字，输入"首页 新闻动态 干红公司 东方美酒 客服服务 酒乡漫步 沙城产品"文字，页面效果如图 14-17 所示。

图 14-17　top-1 层输入文字后的页面效果

（6）将光标置于 top 层后，选择"插入"→Div 命令，弹出"插入 Div"对话框，在"插入"下拉列表框中选择"在标签后"，在右侧的下拉列表框中选择<div id="top">，在 ID 组合框中输入 main，如图 14-18 所示，单击"确定"按钮，在 top 层后插入 main 层。切换到 div.CSS 文件，创建一个名称为#main 的 CSS 规则，代码如图 14-19 所示。返回 index.html，将光标置于 main 层中，删除里面的文字，在 main 层中插入图像 images\182-04.gif，页面效果如图 14-20 所示。

图 14-18　在 top 层后插入 main 层

```
#main {
    height: 190px;
    width: 800px;
}
```

图 14-19　main 层的 CSS 代码

图 14-20　main 层插入图像后的页面效果

四、制作左侧列表

（1）选择"插入"→Div 命令，弹出"插入 Div"对话框，在"插入"下拉列表框中选择"在标签后"，在右侧的下拉列表框中选择<div id="main">，在 ID 组合框中输入 left，单击"确定"按钮，在 main 层后插入 left 层。切换到 div.CSS 文件，创建一个名称为#left 的 CSS 规则，代码如图 14-21 所示。返回 index.html 页面查看效果，如图 14-22 所示。

```
#left {
    height: 874px;
    width: 155px;
    background-image: url(images/182-05.gif);
    background-repeat: no-repeat;
    padding-right: 16px;
    padding-left: 31px;
    float: left;
}
```

图 14-21   left 层的 CSS 代码

图 14-22   left 层插入后的页面效果

（2）将光标置于 left 层中，删除里面的文字，选择"插入"→Div 命令，弹出"插入 Div"对话框，在 ID 组合框中输入 left-1，单击"确定"按钮，在 left 层中插入 left-1 层。切换到 div.CSS 文件，创建一个名称为#left-1 的 CSS 规则，代码如图 14-23 所示。返回 index.html 页面查看效果，如图 14-24 所示。

```
#left-1 {
    background-image: url(images/182-06.gif);
    background-repeat: no-repeat;
    height: 119px;
    width: 152px;
    padding-top: 27px;
    background-color: #eeeeee;
}
```

图 14-23   left-1 层的 CSS 代码

图 14-24   left-1 层设置后的页面效果

（3）将光标置于 left-1 层中，删除里面的文字，选择"插入"→Image 命令，将 images/182-07.gif 插入到 left-1 层中，切换到 div.CSS 文件中，创建一个名称为#left-1 img 的 CSS 规则，代码如图 14-25 所示，返回 index.html 页面查看效果，如图 14-26 所示。

```
#left-1 img {
    padding-top: 9px;
    padding-left: 10px;
}
```

图 14-25　left-1 层图像的 CSS 代码　　　图 14-26　left-1 层插入图像后的页面效果

（4）选择"插入"→Div 命令，弹出"插入 Div"对话框，在 ID 组合框中输入 left-2，单击"确定"按钮，在 left-1 层后插入 left-2 层。切换到 div.CSS 文件，创建一个名称为#left-2 的 CSS 规则，代码如图 14-27 所示。返回 index.html 页面查看效果，如图 14-28 所示。

```
#left-2 {
    height: 212px;
    width: 152px;
    padding-top: 27px;
    background-image: url(images/182-08.gif);
    background-repeat: no-repeat;
    font-size: 12px;
    color: #000;
    background-color: #eeeeee;
}
```

图 14-27　left-2 层的 CSS 代码

图 14-28　left-2 层设置后的页面效果

（5）将光标置于 left-2 层中，删除里面的文字，然后输入相应的文字内容并设置为无序列表，如图 14-29 所示。将页面切换到 div.CSS 中，创建一个名称为#left-2 li 的 CSS 规则，代码如图 14-30 所示。返回 index.html 页面查看效果，如图 14-31 所示。

图 14-29　left-2 层的文字

图 14-30　left-2 层 li 标记的 CSS 规则

图 14-31　left-2 层中文字添加规则后的页面效果

（6）选择"插入"→Div 命令，弹出"插入 Div"对话框，在 ID 组合框中输入 left-3，单击"确定"按钮，在 left-2 层后插入 left-3 层。切换到 div.CSS 文件，创建一个名称为#left-3 的 CSS 规则，代码如图 14-32 所示。删除#left-3 层中的文字，选择"插入"→Image 命令，把 images/182-11.gif 图像插入到 left-3 层并添加如图 14-33 所示的规则。返回 index.html 页面查看效果，如图 14-34 所示。

```
#left-3 {
    height: 120px;
    width: 152px;
    background-color: #eeeeee;
    background-image: url(images/182-10.gif);
    background-repeat: no-repeat;
    padding-top: 27px;
}
```

图 14-32　left-3 层的 CSS 代码

```
#left-3 img {
    padding-top: 9px;
    padding-left: 8px;
}
```

图 14-33　left-3 层图像的 CSS 代码

图 14-34　left-3 层的页面效果

（7）选择"插入"→Div 命令，弹出"插入 Div"对话框，在 ID 组合框中输入 left-4，单击"确定"按钮，在 left-3 层后插入 left-4 层。切换到 div.CSS 文件，创建一个名称为#left-4 的 CSS 规则，代码如图 14-35 所示。返回 index.html 页面查看效果，如图 14-36 所示。

```
#left-4 {
    height: 314px;
    width: 152px;
    font-size: 12px;
    color: #000;
    background-image: url(images/182-12.gif);
    background-repeat: no-repeat;
    padding-top: 27px;
    background-color: #eeeeee;
}
```

图 14-35　left-4 层的 CSS 代码　　　　　图 14-36　left-4 层设置后的页面效果

（8）将光标置于 left-4 层中，删除里面的文字，然后输入相应的文字内容并设置为无序列表，如图 14-37 所示。将页面切换到 div.CSS 中，创建一个名称为#left-4 li 的 CSS 规则，代码如图 14-38 所示。返回 index.html 页面查看效果，如图 14-39 所示。

```
#left-4 li {
    background-image: url(images/182-09.gif);
    background-position: 20px center;
    background-repeat: no-repeat;
    list-style-type: none;
    height: 21px;
    padding-top: 7px;
    padding-left: 31px;
    border-bottom-width: 1px;
    border-bottom-style: dotted;
    border-bottom-color: #062913;
}
```

图 14-37　left-4 层的无序列表　　　　　图 14-38　left-4 层 li 标记的 CSS 规则

图 14-39　left-4 层的页面效果

五、制作网页中间部分

（1）选择"插入"→Div 命令，弹出"插入 Div"对话框，在 ID 组合框中输入 center，单击"确定"按钮，在 left 层后插入 center 层。切换到 div.CSS 文件，创建一个名称为#center 的 CSS 规则，代码如图 14-40 所示。

```
#center {
    height: 583px;
    width: 336px;
    float: left;
}
```

图 14-40　center 层的 CSS 规则

（2）将光标置于 center 层中，删除 center 层的文字，选择"插入"→Div 命令，弹出"插入 Div"对话框，在 ID 组合框中输入 center-1，单击"确定"按钮，在 center 层中插入 center-1层。切换到 div.CSS 文件，创建一个名称为#center-1 的 CSS 规则，代码如图 14-41 所示。返回index.html 页面查看效果，如图 14-42 所示。

```
#center-1 {
    background-image: url(images/182-13.gif);
    background-repeat: no-repeat;
    height: 210px;
    width: 336px;
    padding-top: 94px;
}
```

图 14-41　center-1 层的 CSS 代码

图 14-42　设置 center-1 层后的页面效果

（3）将光标置于 center-1 层中，删除里面的文字，然后输入相应的文字内容并设置为无序列表。将页面切换到 div.CSS 中，创建一个名称为#center-1 li 的 CSS 规则，代码如图 14-43所示。返回 index.html 页面查看效果，如图 14-44 所示。

```
#center-1 li {
    background-image: url(images/182-09.gif);
    background-repeat: no-repeat;
    background-position: 20px center;
    height: 21px;
    padding-top: 8px;
    padding-left: 31px;
    list-style-type: none;
    border-bottom-width: 1px;
    border-bottom-style: dotted;
    border-bottom-color: #CCC;
}
```

图 14-43　center-1 层 li 的 CSS 代码

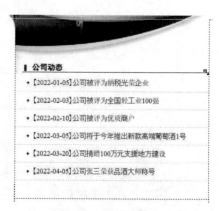

图 14-44　center-1 层的页面效果

（4）选择"插入"→Div 命令，弹出"插入 Div"对话框，在 ID 组合框中输入 center-2，单击"确定"按钮，在 center-1 层后插入 center-2 层。切换到 div.CSS 文件，创建一个名称为 #center-2 的 CSS 规则，代码如图 14-45 所示。返回 index.html 页面，删除 center-2 层中的文字，输入"更多>>"文字，效果如图 14-46 所示。

```
#center-2 {
    height: 23px;
    width: 56px;
    padding-top: 7px;
    padding-left: 280px;
    border-bottom-width: 1px;
    border-bottom-style: dotted;
    border-bottom-color: #CCC;
}
```

图 14-45　center-2 层的 CSS 代码

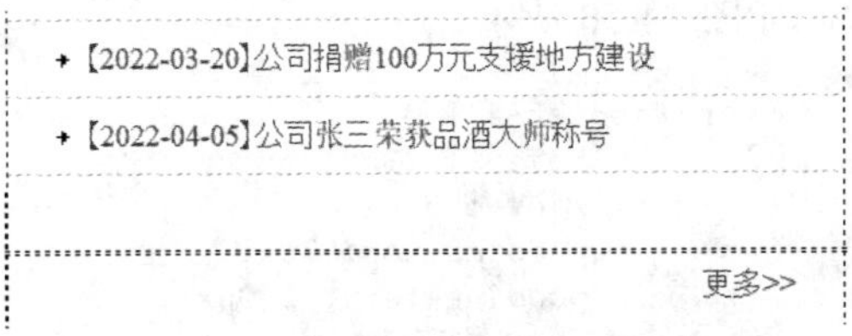

| → 【2022-03-20】公司捐赠100万元支援地方建设 |
| → 【2022-04-05】公司张三荣获品酒大师称号 |
| |
| 更多>> |

图 14-46　设置 center-2 层后的页面效果

（5）选择"插入"→Div 命令，弹出"插入 Div"对话框，在 ID 组合框中输入 center-3，单击"确定"按钮，在 center-2 层后插入 center-3 层。切换到 div.CSS 文件，创建一个名称为 #center-3 的 CSS 规则，代码如图 14-47 所示。返回 index.html 页面，删除 center-3 层中的文字，然后输入相应的文字内容并设置为无序列表。将页面切换到 div.CSS 中，创建一个名称为 #center-3 li 的 CSS 规则，代码如图 14-48 所示。返回 index.html 页面查看效果，如图 14-49 所示。

```
#center-3 {
    height: 180px;
    width: 336px;
    background-image: url(images/182-14.gif);
    background-repeat: no-repeat;
    padding-top: 39px;
}
```

图 14-47　center-3 层的 CSS 代码

```
#center-3 li {
    background-image: url(images/182-09.gif);
    background-repeat: no-repeat;
    background-position: 20px center;
    height: 21px;
    padding-top: 8px;
    border-bottom-width: 1px;
    border-bottom-style: dotted;
    border-bottom-color: #CCC;
    padding-left: 31px;
    list-style-type: none;
}
```

图 14-48　center-3 层 li 的 CSS 代码

图 14-49　center-3 层的页面效果

（6）选择"插入"→Div 命令，弹出"插入 Div"对话框，在 ID 组合框中输入 center-4，单击"确定"按钮，在 center-3 层后插入 center-4 层。切换到 div.CSS 文件，创建一个名称为 #center-4 的 CSS 规则，代码如图 14-50 所示。

```
#center-4 {
    height: 23px;
    width: 57px;
    padding-top: 7px;
    padding-left: 279px;
}
```

图 14-50　center-2 层的 CSS 代码

六、制作网页右边部分

（1）选择"插入"→Div 命令，弹出"插入 Div"对话框，在 ID 组合框中输入 right，单击"确定"按钮，在 center 层后插入 right 层。切换到 div.CSS 文件，创建一个名称为 #right 的 CSS 规则，代码如图 14-51 所示。返回 index.html 页面查看效果，如图 14-52 所示。

```
#right {
    float: left;
    height: 554px;
    width: 240px;
    padding-top: 29px;
    background-image: url(images/182-15.gif);
    background-repeat: no-repeat;
    padding-left: 22px;
}
```

图 14-51　right 层的 CSS 代码

图 14-52　right 层设置后的页面效果

（2）将光标移至 right 层中，删除层中的文字，选择"插入"→Image 命令，将 images/182-16.gif 图像插入到 right 层中。使用同样的方法把其他图像插入到 right 层中，页面效果如图 14-53 所示。切换到 div.CSS 文件中,创建一个名称为#right img 的 CSS 规则,代码如图 14-54 所示。

图 14-53 right 层插入图像后的页面效果

```
#right img {
    padding-top: 16px;
}
```

图 14-54 right 层图像的 CSS 代码

七、制作网页底部

(1)选择"插入"→Div 命令,弹出"插入 Div"对话框,在 ID 组合框中输入 bottom,单击"确定"按钮,在 right 层后插入 bottom 层。切换到 div.CSS 文件,创建一个名称为#bottom 的 CSS 规则,代码如图 14-55 所示。

```
#bottom {
    height: 291px;
    width: 598px;
    float: left;
}
```

图 14-55 bottom 层的 CSS 代码

(2)将光标置于 bottom 层,删除层中的文字。选择"插入"→Div 命令,弹出"插入 Div"对话框,在 ID 组合框中输入 bottom-1,单击"确定"按钮,在 bottom 层中插入 bottom-1 层。切换到 div.CSS 文件,创建一个名称为#bottom-1 的 CSS 规则,代码如图 14-56 所示。返回 index.html 页面,删除 bottom-1 层中的文字,然后输入相应的文字内容并设置为无序列表。将页面切换到 div.CSS 中,创建一个名称为#bottom-1 li 的 CSS 规则,代码如图 14-57 所示。返回 index.html 页面查看效果,如图 14-58 所示。

```
#bottom-1 {
    height: 180px;
    width: 285px;
    padding-top: 30px;
    padding-left: 15px;
    background-image: url(images/182-21.gif);
    background-repeat: no-repeat;
    float: left;
}
```

图 14-56   bottom-1 层的 CSS 代码

```
#bottom-1 li {
    background-image: url(images/182-09.gif);
    background-repeat: no-repeat;
    background-position: 8px center;
    list-style-type: none;
    height: 22px;
    padding-top: 7px;
    padding-left: 20px;
    border-bottom-width: 1px;
    border-bottom-style: dotted;
    border-bottom-color: #CCC;
}
```

图 14-57   bottom-1 层 li 的 CSS 代码

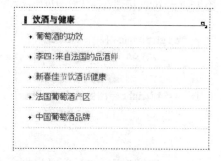

图 14-58   bottom-1 层的页面效果

（3）选择"插入"→Div 命令，弹出"插入 Div"对话框，在 ID 组合框中输入 bottom-2，单击"确定"按钮，在 bottom-1 层后插入 bottom-2 层。切换到 div.CSS 文件，创建一个名称为#bottom-2 的 CSS 规则，代码如图 14-59 所示。返回 index.html 页面，删除 bottom-2 层中的文字，然后输入相应的文字内容并设置为无序列表。将页面切换到 div.CSS 中，创建一个名称为#bottom-2 li 的 CSS 规则，代码如图 14-60 所示。返回 index.html 页面查看效果，如图 14-61 所示。

```
#bottom-2 {
    height: 180px;
    width: 289px;
    float: left;
    background-image: url(images/182-22.gif);
    background-repeat: no-repeat;
    padding-top: 30px;
    padding-left: 9px;
}
```

图 14-59   bottom-2 层的 CSS 代码

```
#bottom-2 li {
    background-image: url(/images/182-09.gif);
    background-repeat: no-repeat;
    background-position: 8px center;
    height: 20px;
    padding-top: 9px;
    list-style-type: none;
    padding-left: 23px;
    border-bottom-width: 1px;
    border-bottom-style: dotted;
    border-bottom-color: #CCC;
}
```

图 14-60　bottom-2 层 li 的 CSS 代码

图 14-61　bottom-2 层的页面效果

（4）选择"插入"→Div 命令，弹出"插入 Div"对话框，在 ID 组合框中输入 bottom-3，单击"确定"按钮，在 bottom-2 层后插入 bottom-3 层。切换到 div.CSS 文件，创建一个名称为#bottom-3 的 CSS 规则，代码如图 14-62 所示。将光标置于 bottom-3 层中，删除层中文字，输入"更多>>"文字。

（5）选择"插入"→Div 命令，弹出"插入 Div"对话框，在 ID 组合框中输入 bottom-4，单击"确定"按钮，在 bottom-3 层后插入 bottom-4 层。切换到 div.CSS 文件，创建一个名称为#bottom-4 的 CSS 规则，代码如图 14-63 所示。将光标置于 bottom-4 层中，删除层中文字，输入"更多>>"文字。

```
#bottom-3 {
    height: 23px;
    width: 57px;
    padding-top: 7px;
    padding-left: 243px;
    float: left;
    border-bottom-width: 1px;
    border-bottom-style: dotted;
    border-bottom-color: #CCC;
}
```

图 14-62　bottom-3 层的 CSS 代码

```
#bottom-4 {
    height: 23px;
    width: 62px;
    padding-top: 7px;
    padding-left: 236px;
    float: left;
    border-bottom-width: 1px;
    border-bottom-style: dotted;
    border-bottom-color: #CCC;
}
```

图 14-63　bottom-4 层的 CSS 代码

（6）选择"插入"→Div 命令，弹出"插入 Div"对话框，在 ID 组合框中输入 bottom-5，单击"确定"按钮，在 bottom-4 层后插入 bottom-5 层。切换到 div.CSS 文件，创建一个名称为#bottom-5 的 CSS 规则，代码如图 14-64 所示。将光标置于 bottom-5 层中，删除层中的文字，输入相应文字，页面效果如图 14-65 所示。

```
#bottom-5 {
    height: 22px;
    width: 248px;
    border-top-width: 1px;
    border-top-style: solid;
    border-top-color: #CCC;
    padding-top: 8px;
    padding-left: 350px;
    color: #000;
    float: left;
    margin-top: 20px;
}
```

图 14-64   bottom-5 层的 CSS 代码

法律公告   │隐私保护│联系我们│网站地图

图 14-65   bottom-5 层的页面效果

（7）至此，整个页面制作完成，选择"文件"→"保存"命令保存网页，再选择"文件"→"实时浏览"命令，选择任意一个浏览器即可浏览整个网页的效果，如图 14-66 所示。

图 14-66   网页的最终页面效果

1. body 和*规则属于哪种类型的选择器？各自的作用是什么？
2. 有哪些方法可以设置 Div 规则？
3. 将 Div 插入到另一个 Div 中或 Div 后应该怎么定位光标？

参考文献

[1] 胡仁喜，康士廷．Dreamweaver 2021 中文版标准实例教程[M]．北京：机械工业出版社，2021．

[2] 胡仁喜，杨雪静．Dreamweaver 2021 中文版入门与提高实例教程[M]．北京：机械工业出版社，2021．

[3] 于莉莉，刘越，苏晓光．Dreamweaver CC 2019 网页制作实例教程（微课版）[M]．北京：清华大学出版社，2019．

[4] Jim Maivald 著．Adobe Dreamweaver CC 2019 经典教程[M]．姚军，徐长宝，译．北京：人民邮电出版社，2019．

[5] 李继先．Dreamweaver CS4 完全自学攻略[M]．北京：电子工业出版社，2009．

[6] 马占欣，李亚，李巍，等．网页设计与制作[M]．2 版．北京：中国水利水电出版社，2013．

[7] 齐建玲，杨艳杰，等．网页设计与制作实用技术[M]．2 版．北京：中国水利水电出版社，2012．

[8] 任正云，赖玲，严永松，等．网页设计与制作[M]．2 版．北京：中国水利水电出版社，2015．